AF454046

ESSAI

SUR

L'HISTOIRE DES VINS DE LA CHAMPAGNE.

ESSAI

SUR

L'HISTOIRE DES VINS

DE LA CHAMPAGNE,

Par Max. SUTAINE.

REIMS.

L. JACQUET, IMPRIMEUR DE L'ACADÉMIE.

1845

Parmi les questions soumises au Congrès scientifique de France, qui doit tenir ses séances à Reims le 1er Septembre 1845, figure celle-ci :

« *Rechercher l'origine et le développement du* » *commerce du vin de Champagne.* »

J'ai essayé de répondre à cette question et de la compléter en traçant l'histoire des vins de la province.

ESSAI

SUR

L'HISTOIRE DES VINS DE LA CHAMPAGNE.

CHAPITRE PREMIER.

But de l'ouvrage. — Profession de foi au sujet des statistiques.

En rassemblant tous les documents que j'ai pu me procurer sur les vins de la Champagne, en réunissant et coordonnant les notes, les anecdotes que j'ai puisées aux sources les plus authentiques, remontant toujours, autant que possible, à leur origine, je n'ai nullement pré-

tendu faire un cours d'enseignement vinicole
ou commercial, ni dresser une statistique complète de cette branche d'industrie de notre antique province.

Je n'ai pas abordé la question de la culture
de la vigne par deux motifs bien simples. Le
premier, et le meilleur, c'est que je ne me
reconnais pas la science pratique nécessaire
pour traiter *ex professo* un sujet aussi spécial ;
le second, c'est qu'eussé-je possédé les connaissances requises, si j'avais voulu en faire
profiter les vinicoles , ma voix aurait couru
grand risque de se perdre dans le désert. Chacun sait que de tous les agriculteurs connus,
MM. les vignerons (soit dit avec tout le respect
que je leur porte) ne sont peut-être ni les moins
indifférents ni les moins rebelles à toute amé-
lioration.

Exemple :

Un fléau destructeur, la pyrale, menaçait de
ses ravages nos plus riches côteaux. A l'exception d'un très-petit nombre de localités,

qui ont osé tenter quelques maigres essais (1) pour se débarrasser de cet hôte dangereux , on s'est en Champagne fort peu ému de son apparition, et on a laissé l'insecte rongeur se prélasser grassement et dévorer sa proie.

La pyrale a été sensible à ce procédé délicat, et semble avoir d'elle-même à peu près abandonné nos vignobles.

La providence est donc venue très à propos en aide à nos vignerons, qui ne songeaient guère à s'aider eux-mêmes.

Il y a à parier que, sur cent propriétaires de vignes, un ou deux à peine connaissent, à l'heure qu'il est, la recette de M. Raclet , de Lyon, contre la pyrale, et que , pour l'acquit de ma conscience, je transcris ici (2).

---

(1) A Verzenay, par exemple, on a allumé pendant quelques nuits un petit nombre de lampions , dont la flamme devait attirer et brûler la pyrale. Cet essai n'a produit aucun résultat sérieux.

(2) DESTRUCTION DE LA PYRALE.
M. Sauzey a communiqué à la société royale d'agricul-

Je n'ai pas voulu non plus dresser une statistique détaillée, numérotée, marchant par colonnes, de nos vignobles et du commerce de la Champagne, attendu, il faut bien l'avouer, que j'ai le malheur d'être, en général, assez peu partisan des statistiques. Je ne connais rien de si tyrannique que ces chiffres qui, sous prétexte qu'ils sont des chiffres, affichent la

ture, sciences et arts utiles de Lyon, pendant sa dernière séance, divers renseignements sur l'échaudage de la vigne pour la destruction de la pyrale. Voici le résumé de cette communication :

« Le comice vinicole de Beaujeu a constaté d'une manière authentique l'efficacité de cette méthode. Vingt-cinq chaudières de cuivre ont été commandées pour être distribuées comme récompenses aux vignerons qui pratiquent l'échaudage avec le plus d'ardeur.

» Deux vigneronnages contigus et d'égale dimension, dont l'un a été abandonné à la pyrale et l'autre lavé à l'eau bouillante, ont présenté les différences suivantes : le premier n'a rapporté que huit pièces de vin pendant que le second en produisait quarante.

prétention de vous imposer despotiquement leur volonté, et souvent de faire passer des erreurs pour des vérités incontestables.

Ceci, bien entendu, ne s'adresse nullement aux statistiques officielles ; je ne veux parler que des statisticiens amateurs.

Ces derniers savent que, le plus souvent, leurs calculs sont acceptés sans contrôle, et

« Ces faits parlent plus haut que tous les raisonnements. Aussi, sur la demande du comité de Beaujeu, le gouvernement a décerné la croix d'honneur à l'auteur d'une si utile découverte, M. Raclet. Malheureusement elle n'a en quelque sorte que paré son cercueil. M. Raclet est mort très-peu de temps après avoir obtenu cette récompense si bien méritée.

» Ce procès scientifique agricole est donc jugé et gagné. Aussi les vignerons, si lents à croire aux nouveaux et bons procédés, n'ont plus besoin que d'être réglés dans leur ardeur ; elle est telle, qu'ils stimulent et forcent au besoin les propriétaires à se procurer les ustensiles de l'échaudage sous peine de les abandonner.

» On avait essayé de remplacer l'eau bouillante par des

ils comptent bien là-dessus. Il n'y en a peut-être pas un sur dix qui se risquerait s'il avait la conviction que ses chiffres seront vérifiés.

En cela ils ressemblent à bon nombre de voyageurs.

On connaît l'histoire de ce derviche auquel un roi de Perse, fatigué d'entendre continuellement vanter son savoir, ordonna un jour de

jets de vapeur, mais celle-ci perd trop vite sa chaleur. C'est par trois affusions successives que le cep est bien purgé des pyrales. La première élève la température du bois, la deuxième pénétre la seconde écorce et dissout la gomme, la troisième tue l'insecte. Il faut que l'eau soit bouillante avant tout ; des températures inférieures se reconnaissent aux effets relativement incomplets remarquésà la récolte du raisin.

« La dimension des chaudières ne dépasse pas la capacité de vingt-huit litres d'eau. Quoique petites, elles débitent quatre litres d'eau bouillante à la minute. L'eau froide ajoutée en remplacement de l'eau bouillante employée, n'arrête que très-momentanément l'ébullition. La dépense en charbon de terre de Rive-de-Gier n'est que de 80 cent. par jour. »

lui indiquer le milieu de la terre. Tout autre qu'un derviche eût trouvé la question quelque peu embarrassante ; le nôtre ne se déconcerta pas. — Rien de plus simple, répondit-il, viens avec moi. Arrivé dans la campagne, il se dirige vers une petite éminence, et là, plantant résolûment son bâton dans le sol : — Puissant fils du soleil, dit-il au sultan, voici précisément le milieu de la terre ; si tu ne me crois pas, prouve moi le contraire.

Cette histoire n'est-elle pas un peu celle de bien des statistiques ?

Il existe, au surplus, deux sortes de statistiques d'amateurs bien distinctes.

D'abord celle à laquelle des chiffres d'apparence plus ou moins officielle prêtent leur concours magistral et solennel ; puis celle dont l'imagination fait à peu près seule tous les frais, et qui prend pour règle le caprice et souvent le hasard. La première, si elle n'est pas toujours exacte, porte au moins avec elle un certain vernis de vérité qui ne laisse pas que d'avoir bon air ; quant à l'autre. . . . ., j'ai rencontré un jour sa personnification dans un de mes compagnons de voyage, dont je demanderai la permission de dire deux mots.

En 1833, je parcourais l'Allemagne et fis route, pendant quelques jours, avec un Anglais d'humeur assez traitable, bon compagnon, au demeurant, surtout quand, d'aventure, le gîte et la table lui rappelaient les confortables habitudes de son pays. Il avait assigné à son voyage un but assez original.

Il voulait, disait-il, dresser une statistique de l'Allemagne, divisée, non plus par provinces ou par cercles, comme le fait le commun des géographes, mais bien par colonnes hygiéniques et gastronomiques, désignant les contrées et les villes que les nombreux émigrants des bords de la Tamise pouvaient, sans déroger, venir habiter. C'était au point de vue économique et culinaire, une idée éminemment utile et philanthropique.

Or, pendant une nuit du mois de Mars, vers

une heure du matin, nous traversions la jolie ville de W...... Il faisait un froid piquant ; une bise inhospitalière nous fouettait au visage une neige fine et glaciale ; les rues étaient sombres et silencieuses, et sous le chartil de la poste, un mendiant en guenilles vint en grelottant implorer notre pitié. Mon compagnon de voyage, la figure enfouie dans les plis profonds d'un ample foulard, maugréait de tout son cœur, en jetant autour de lui un regard découragé, pendant qu'on changeait les chevaux.

Le lendemain il écrivait sur ses tablettes ; « W......, ville sombre, froide, presque tou- » jours couverte de neige, à peu près déserte. » Le petit nombre d'habitants qu'on y ren- » contre a un aspect misérable et délabré ; se » bien garder d'y séjourner. »

Qui pourrait apprécier le nombre de guinées dont, peut être, cette esquisse peu flatteuse a privé la ville de W...... ?

La statistique, cependant, a eu parfois ses bonnes fortunes d'esprit qui suffiraient pour la réconcilier avec les plus difficiles et les plus sceptiques.

On sait que Napoléon, qui avait peu de temps à perdre, exigeait de ses ministres des rapports fréquents, précis et détaillés. On connaissait la prédilection du maître pour ce genre de travail; aussi, la *statisticomanie* prit-elle sous son règne un développement prodigieux. L'usage amena l'abus. Pendant une de ces rapides excursions qui le transportaient soudainement du nord au midi de la France, chaque préfet, en lui faisant les honneurs du chef-lieu, ne manquait pas de lui donner sur le département les renseignements les plus circonstanciés. A son exemple, tous les chefs de service voulaient aussi donner à leur tour leur petite statistique à l'Empereur, qui eut bientôt assez de ces volumineux dossiers dont les voitures de ses aides-de-camp se trouvaient encombrées.

Au rebours de ses confrères, le préfet d'un département du midi ne lui remit aucune de ces paperasses officielles, dont les autres avaient été si prodigues. L'Empereur lui en témoigna sa surprise. — J'aurais cru, répondit le préfet, manquer à l'omniscience de Votre Majesté, qui, j'en suis certain, connaît aussi bien que moi le département dont elle a daigné me confier l'administration. — Aussi bien que vous, monsieur le préfet? Mais êtes-vous bien sûr vous-même de savoir parfaitement tout ce qui s'y passe? Et, par exemple, ajouta Napoléon avec un sourire fin et narquois, éclairé de ce regard perçant qui intimidait les plus forts, pourriez-vous me dire combien d'oiseaux de passage ont, cet hiver, traversé votre département? — Oui, Sire : un seul. — Ah ! et lequel? — Un aigle, Sire.

Cette brève statistique du spirituel préfet le plaça sans doute plus haut dans les bonnes grâces du maître que les volumineuses colonnes de ses confrères.

Mais comme il n'est pas donné à tout le monde d'en faire d'aussi heureuses, il vaut souvent mieux s'abstenir.

Je n'ai donc pas voulu faire de statistique. Cependant, à l'appui de certaines opinions et comme preuves de certaines assertions qui ne devaient laisser aucune prise au doute, j'ai dû quelquefois recourir aux chiffres. Dans ces cas spéciaux, des documents officiels et irrécusables ont servi de base à mes calculs et à mes appréciations, et je pense être resté toujours dans les bornes de la vérité.

Le but que je me suis proposé a été simplement de faire, sinon l'histoire complète, du moins une partie de l'histoire anecdotique et épisodique des vins de la province de Champagne, depuis le urorigine présumable jusqu'à nos jours. Il m'a semblé que ce travail pouvait offrir quelque intérêt, car il sortait de la ligne un peu sèche que se tracent habituellement les nomenclateurs et classificateurs de vignobles.

Dans l'*Histoire de Reims* de Dom Géruzez, on pourra retrouver quelques-unes des anecdotes que je raconte ici; mais, d'après les citations, que je n'ai pas épargnées, on se convaincra facilement que je ne m'en suis pas rapporté au témoignage de cet auteur, qui, dans la partie de son travail consacrée aux vins de Champagne, à laissé se multiplier les erreurs. J'ai voulu remonter aux sources véritables, j'ai consulté nos vieux écrivains rémois, le riche *cartulaire* de la ville, et divers commentateurs, qui m'ont fourni de précieux renseignements et d'intéressants détails. Quelques amis obligeants, en me mettant sur la trace de documents rares et utiles, en me faisant part de leurs connaissances personnelles, ont bien voulu me faciliter mon travail; je les en remercie sincèrement.

J'ai consacré un chapitre spécial aux vins mousseux, ces nouveaux venus, contre lesquels les anciens vins de la province ont vu échouer leur gloire et leur faveur, et dont la popularité a éveillé la fraude et fait surgir tant de tristes contrefaçons.

En résumé, je suis loin de croire que j'ai écrit l'histoire complète des vins de Champagne: cette histoire, qui peut être si intéressante, reste, je le sais, encore à faire ; mais je pense que le travail que j'offre au lecteur est peut-être un peu moins incomplet que tout ce qui a été dit jusqu'ici sur le même sujet.

Dans tous les cas, je m'estimerai heureux si mes recherches n'ont pas été tout-à-fait infructueuses, et si d'autres plus habiles parviennent un jour à achever l'œuvre que j'ébauche aujourd'hui.

CHAPITRE II.

*Origine de la vigne en Champagne. — Histoire des vins
de la province.*

L'origine de la culture de la vigne dans nos
contrées se perd dans la nuit des temps, et
malgré les tentatives de quelques chroniqueurs,
il a été impossible jusqu'ici de la dégager entièrement des ténèbres qui l'environnént; tout
porte à croire seulement qu'elle est fort ancienne. Des auteurs, amateurs du merveilleux,
veulent la faire remonter au-delà de l'ère chré-

tienne, prétention qui me paraît, du reste, très-contestable. Jules César, dans ses *Commentaires*, ne dit rien des vignes du pays de Reims, ce qui permet au moins de supposer qu'il n'y en avait aucune à cette époque, et que leur importation est un bienfait de la conquête. Elles ont dû pénétrer dans la Gaule septentrionale en même temps que la civilisation apportée par les légions romaines. Au surplus, nos pères apprécièrent rapidement ce présent de l'Italie, et bientôt les vignes couvrirent les coteaux des deux rives de la Marne. Elles se multiplièrent si promptement que Domitien, craignant que les soins qu'elles exigeraient ne détournassent les habitants de la culture des terres, les fit arracher (1).

Pour fixer une date certaine, il faut descendre jusqu'au règne de Probus, l'an 280 de no-

---

(1) Vers l'an 90. Pluche, *Spectacle de la nature*, tome ii, page 336. Bidet, *Histoire manuscrite de Reims*. Addition aux mémoires.

tre ère. Si nous nous en rapportons aux biographes, c'est à cet empereur que nous devons,
sinon l'introduction, du moins la restauration
de la vigne dans nos contrées (1).

« Il occupa, dit M. de Châteaubriand, les
» troupes oisives à planter des vignes dans la
» Pannonie, la Mœsie et les Gaules, et, selon
» Vopiscus, jusque dans la Grande Bretagne;
» on croit que la Bourgogne lui doit ses pre-
» mières richesses (2).

Parmi les autheurs qui se sont occupés de
l'histoire de nos anciens monuments, plusieurs
ont même prétendu que l'arc de triomphe de
la porte Mars avait été élevé par les Rémois
reconnaissants en l'honneur de Probus, paci-
ficateur et introducteur de la vigne dans les
Gaules (3).

(1) *Biographie universelle.*

(2) Vicomte de Châteaubriand, *Études historiques.* —
Biographie universelle.

(3) Géruzez, dans son *Histoire de Reims*, partage cette
opinion, et cite à l'appui l'abbé Courte-Epée *(Histoire abré-*

Probus, au reste n'avait pas semé sur un sol ingrat, nos pères le secondèrent avec zèle et intelligence, et donnèrent bientôt une preuve de leur esprit inventif. Si nous en croyons la tradition, ce sont les Gaulois qui, les premiers, imaginèrent de renfermer dans des vaisseaux de bois le vin, qui auparavant était recueilli dans des amphores ou dans des outres de peau. Cette invention, en rendant le fruit de la vigne plus facile à transporter, donna un nouvel essor au commerce (1).

Le document le plus ancien qui fasse mention d'une manière positive des vignes de la Champagne, est le testament de saint Remy, qui mourut en 530, après avoir occupé le siége de Reims pendant 74 ans. Ce prélat distribue à divers légataires un assez grand nombre de pièces de vignes, et laisse entre

gée du duché de Bourgogne), et Laurent Echard (*Histoire romaine,* livre IV, chap. 6).

(1) Pluche, *Spectacle de la nature,* tome II, page 336.

autres aux diacres et aux prêtres de l'église de Reims *une vigne nouvellement plantée, située au-dessus de celle qu'il possède au faubourg de la ville,* et avec elle le serf Mélanius, qui la cultive (1).

Suivant l'exemple de leurs pieux prédécesseurs, d'autres archevesques de Reims lèguent également plusieurs pièces de vignes aux églises et aux communautés (2).

Flodoard rapporte que Pardulle, évêque de Laon, dans une lettre adressée à Hincmar, vers 880, recommande à l'illustre prélat les vins d'Epernay, Merfy et Cormicy, comme les meilleurs pour la santé (3).

Toutefois, malgré les soins qu'on apporta à la culture des vignobles, et le zèle qu'on mit à les propager, bien des siècles s'écoulèrent avant

(1) Dom Marlot.

(2) Nous citerons d'après Flodoard les archevêques Remulfe et Sonnace.

(3) Bidet, d'après Flodoard.

qu'ils pussent suffire à la consommation. Pendant de longues années, le vin ne fut qu'un
objet de luxe que les personnes riches et puis-
santes pouvaient seules se procurer (1); et
d'après un dénombrement donné, en 1385, à
Charles VI par Richard Picque, nous voyons
que la bière ou cervoise était alors la boisson
ordinaire des habitants.

Il est probable, et c'est l'opinion de quelques
historiens, que la plantation de la vigne sur
une grande échelle ne date que de la fin du
XIVe siècle (2).

C'est aussi vers cette époque que, dans une

(1) Bidet. *Histoire manuscrite de Reims*. Addition aux
mémoires.

(2) « Ledit archevêque y déclare, article 7, précisément
» que : le brassement de la cervoise n'étoit lors, ne depuis
» trois ans ne fut d'aucun profit, pour ce que on ne faisoit,
» ne ne brassoit rien pour la grande plantée de vin qui étoit
» au pays. »

C'est donc à l'année 1382, ou à quelques années antérieu-
res, qu'on doit absolument fixer l'époque de la grande plantation de vignes en Champagne. — BIDET.

solemnité remarquable, où il ne joua certes pas le moindre rôle, le vin de Champagne conquit une éclatante célébrité. Venceslas VI dit l'Ivrogne, roi de Bohème et empereur d'Allemagne, se rendit en France pour s'entendre avec Charles VI, au sujet du schisme qui désolait alors l'Eglise. Les deux princes se donnèrent rendez-vous à Reims ; mais à peine arrivé dans nos murs, l'impérial buveur voulut, toute affaire cessante, s'assurer d'abord si nos vins valaient bien la renommée qu'ils s'étaient acquise déjà. En connaisseur émérite, il fit les choses consciencieusement, et dégusta tant et si bien, qu'il finit par s'enivrer complètement. « Les ducs de Berry et de Bourbon, étant allés » le prendre chez lui, dit Dallier, pour le mener » dîner chez le roi, ils le trouvèrent déjà ivre et » cuvant son vin, dispositions, ajoute l'histo- » rien, peu convenables pour traiter d'affaires » d'état, et surtout de celles de l'Eglise (1). »

(1) Dallier, *Histoire manuscrite de Reims*, page 458.

On comprend qu'un pareil négociateur devait être de composition facile. En effet, dans un magnifique repas que le roi donna à Venceslas, les échansons, qui peut-être avaient le mot, remplirent si souvent et si prestement sa coupe, que bientôt la discussion s'éteignit au milieu des fumées de l'ivresse ; l'empereur consentit à tout ce qu'on lui demanda.

Cette victoire du vin de Champagne sur la diplomatie se remportait au mois de Mars de l'an de grâce 1398 (1).

(1) Dallier, *Histoire manuscrite de Reims*. — Suivant Dom Marlot, l'entrevue des deux princes eut lieu en 1397. — Dans l'*Histoire de Charles VI, roi de France*, Paris, chez Louis Billaine, 1663, on traite assez rudement Venceslas au sujet de son ivrognerie et de cette même entrevue. « Les ducs de Berry et de Bourbon, dit l'auteur, » furent pour le prendre chez lui et pour l'amener avec plus » d'honneur ; mais ils eurent la honte et le déplaisir de venir » dire au roy que le gros vilain estoit déjà ivre et qu'il dor- » moit pour cuver son vin. Ce n'estoit pas une nouvelle » d'apprendre que c'estoit un yvrogne et un goulu, qui pas- » soit tout le jour à boire et à manger, et l'on ne s'estoit que

Il est fâcheux que les historiens qui nous ont conservé une partie du menu des fournitures faites journellement pour la maison de Venceslas, qui logeait au monastère de Saint-Remy, ne nous aient pas laissé en même temps la note des vins qui lui furent livrés. Les officiers de l'empereur étaient très nombreux, et s'ils marchaient sur les traces de leur maître, le séjour de cet hôte illustre dut donner aux sommeillers de la ville un effrayant surcroît de besogne.

A cette époque, l'excellence de nos vins était donc déjà parfaitement appréciée, et l'éclatant suffrage du plus remarquable connaisseur du XIVe siècle venait sanctionner leur réputation.

Lorsque Philippe, fils de Jean de Bourgogne, assassiné le 10 Septembre 1419, sur le pont de Montereau, passa par Reims pour

----

« trop apperçu de la rudesse de ses mœurs et du peu de
« politesse qu'il montroit parmy toutes les civilités du roy. »

aller à Troyes venger la mort de son père, la ville lui offrit onze poinçons de vin clairet (1).

Déjà, sous le règne précédent, les poètes les avaient célébrés dans leurs vers. Dans une délicieuse ballade sur le sac de la ville de Vertus et sur la ruine de son domaine, pillé et brûlé par les Anglais, notre compatriote Eustache Deschamps parle des bons vins de sa patrie. Nous ne pouvons résister au désir de citer en entier cette petite pièce d'une naïveté charmante, et l'une des meilleures, sans contredit, du volumineux recueil qu'a laissé l'auteur (2).

(1) Dom Châtelain, *Notes manuscrites sur l'histoire de Reims.*

(2) Eustache Deschamps, dit Morel, né à Vertus, en Champagne, fut huissier d'armes de Charles V, gouverneur de la châtellenie de Fismes, etc., etc... Il fit un nombre considérable de poésies, et a laissé entre autres de très-jolies fables, dont s'inspira plus tard le bon Lafontaine, qui savait, comme Molière, prendre son bien où il le trouvait.

Je fu jadiz de terre vertueuse,
Nez de Vertus, païz renommé,
Où il avoit ville très-gracieuse,
Dont li bon vin sont en mains lieux nomme,
Jusques à cy avoit mon nom nommé.
Eustace fus appelé dès enfans ;
Or, sui tout ars, s'est mon nom remué,
J'aray dès or à nom : *Brûlé des champs.*

Dehors Vertus ay maison gracieuse,
Où j'avoye par longtems demouré,
Où plusieurs ont mené vie joyeuse,
Maison *des champs* l'ont plusieurs appelé.
Mais, Dieu merci ! toute plaine de blé,
Ont les Anglès le feu bouté dedans :
Deux mille frans (1) m'a leur guerre coûté ;
J'aray dès or à nom : *Brûlé des champs.*

Las ma terre est destruitte et rayneuse,
Je suis désert, destruit et désolé,
Fuir me fault, ma demeure est doubteuse,
Je ne sui d'aucun réconforté.
Ainsi serai de mon lieu rebouté,
Comme essiliez, doloreux et meschant.
Se messeigneurs n'ont de mon fait pitié,
J'aray dès or à nom : *Brûlé des champs.*

(1) Environ 40,000 fr. de notre monnaie actuelle (note de
l'éditeur d'Eustache Deschamps.

Un siècle environ plus tard, nous voyons les vins du pays de Reims, qui jusqu'alors avaient lutté avec peine contre la renommée des vins de Bourgogne, prendre décidément faveur, et les prix s'élever rapidement.

En 1559, au sacre de François II, on offrit au roi du Bourgogne à 20 liv. la queue (les deux pièces), rendu à Reims, et du vin de Reims à 14, 17 et 19 liv. Ce dernier était donc plus cher que son rival, puisqu'il coûtait presque le même prix sans avoir eu les frais de transport à supporter (1).

En 1561, au sacre de Charles **IX**, il valait 28 et 34 liv., et, ce qui paraîtra bien extraordinaire aujourd'hui, on servit sur la table du roi du vin de Laon, qui était d'un prix plus élevé. Pauvre vin de Laon, qu'est devenue depuis sa réputation? Elle a passé comme les gloires de ce monde.

(1) Dom Châtelain, *Remarques tirées du cartulaire de la ville.* — Pluche, *Spectacle de la nature*, tome II.

Le premier sacre où l'on ne presenta au roi que du vin du pays rémois, fut celui de Henri III (1575). Il se payait alors de 54 à 75 liv. la queue (1).

Comme on le voit, les prix s'élevaient rapidement. C'est qu'aussi, a cette époque, le vin de Champagne était devenu l'objet d'une éclatante faveur. La tradition rapporte, et tous les auteurs qui ont traité de l'histoire de nos vignobles sont d'accord à ce sujet, que nos vins étaient alors tellement à la mode, que quatre souverains, et ce n'étaient pas les moindres, François Ier, Charles V, Henri VIII d'Angleterre et Léon X, voulurent posséder des vignes à Ay. Si on en croit Saint-Evremont, « parmi les plus grandes affaires du monde » qu'eurent ces grands princes à démêler, avoir » des vins d'Ay ne fut pas un des moindres » de leurs soins (2). »

(1) Ces détails sont tirés du cartulaire de la ville, et reproduits par *Pluche, Dom Châtelain.* etc., etc...

(2. Saint-Evremont, *Lettres écrites de Londres au comte*

En effet, ayant en suspicion déshonnête la bonne foi de MM. les vignerons d'Ay, et pour s'assurer de l'intégrité de la recolte, ils entretenaient un commissaire ou agent, chargé spécialement de veiller à la confection de leur vin. Précaution malséante et superflue sans doute ! Je suis caution que Messieurs d'Ay, que j'ai toujours eu, Dieu merci ! en grand honneur et respect, étaient incapables de jouer, même à des princes, de ces tours sournois que le bon goût désapprouve et condamne.

Il existe encore une contrée appelée *le Léon*, probablement du nom de son ancien propriétaire Léon X. C'est la partie du territoire qui s'étend le long et à droite de la route de Dizy à Ay.

On a prétendu que le plus populaire de nos rois, Henri IV, prenait le titre de sire d'Ay (1).

d'Olonne, tome III, page 55. Edition revue par des Maizeaux, *Londres, chez Jacob Tonson*, 1714.

(1) On en a dit autant de François Ier, mais cela ne parait pas plus prouvé.

Je serais, certes, très-heureux d'enregistrer
cet hommage rendu au vin de Champagne, par
le prince qui avait le triple talent

> De boire et de battre
> Et d'être vert galant,

trois choses, du reste, qui vont parfaitement
ensemble ; mais ma conscience d'historien m'o
blige d'avouer que, prise au sérieux, cett
prétention me paraît très peu fondée. Je n'a
découvert aucun document qui pût la justifier
à moins qu'on ne veuille considérer comme te
l'anecdote suivante, où nous retrouvons bien
la caustique finesse du Béarnais, mais qu'on
ne saurait invoquer comme un titre sérieux en
faveur de cette assertion.

On raconte que, donnant audience à l'ambas-
sadeur d'Espagne, et celui-ci faisant suivre le
nom de son maître des nombreux et fastueu:
titres qu'il se donnait, Henri IV, fatigué de
ces répétitions continuelles, lui répondit
« Vous direz à Sa Majesté le roi d'Espagne, de

Castille, d'Aragon, de Murcie, etc., etc., etc., qu'Henri, sire d'Ay et de Gonesse, etc., etc...» c'est-à-dire, maître des meilleures vignes et des plus fertiles guérets, en d'autres termes, seigneur de l'abondance... (1).

Cette anecdote, au surplus, dans laquelle le roi aurait proclamé la supériorité de nos vignobles en même temps qu'il reconnaissait l'excellence des terres de Gonesse, serait déjà un précieux témoignage en faveur de la Champagne, et doit trouver place dans ce recueil.

De tous nos anciens rois, Henri IV est celui dont la tradition orale et l'histoire nous ont laissé le plus de souvenirs. Les anecdotes sur son compte ne manquent pas ; en voici une autre encore, qui appartient à notre sujet, et que nous a conservée Dom Châtelain.

______

(1) *Recueil de poésies latines et françoises sur les vins de Champagne et de Bourgogne*. Voir en tête de cette brochure l'*avertissement* dans lequel cette anecdote est racontée. *Paris, veuve Thibout*, 1712.

« Henri IV fut un jour chez Sully, son minis-
» tre, lui demander à déjeuner. Après avoir bu
» quelques verres de vin, il s'écria en disant :
» Ventre-saint-gris ! voilà du grand vin, il
» l'emporte sur le mien d'Ay et sur les autres
» endroits ; je veux savoir d'où il vient. — C'est,
» lui répondit Sully, mon ami Taissy qui me
» l'a envoyé. Je veux le connaître aussi, dit
» Henri IV ; ce qui fut bientôt fait. . . (1). »

Le vin de Taissy, dons nous aurons l'occa-
sion de parler encore ailleurs, était en effet
un de ceux dont on faisait le plus de cas autrefois en Champagne, et qui est bien loin maintenant de passer pour un des plus estimés.
Encore une renommée éteinte !

La faveur dont nos vins jouissait déjà devait grandir encore. En 1610, au sacre de
Louis XIII, on n'en but pas d'autre ; et il valait
alors 175 liv. la queue.

(1) Dom Chatelain, premier cahier, avec cette épigraphe :
Alterius non sit qui suus esse possit.

Le prix auquel il s'éleva en 1694 est exorbitant, à peine croyable, et j'avoue que j'ai besoin du témoignage des divers historiens qui rapportent ce fait pour y ajouter foi. Il fut vendu 1,000 liv. la queue ou 500 liv. la pièce ! « Et » encore, dit Dom Châtelain, il y eut cette » année abondance de toutes choses (1). » Il est question, il est vrai, de la récolte de l'abbaye d'Hautvillers, qui possédait sans doute les meilleurs coteaux de la Marne, et qui apportait à la confection du vin ces soins minutieux que les Bénédictins savaient si bien donner à tout ce qu'ils faisaient, surtout quand il s'agissait de choses graves et importantes.

C'est aussi vers cette époque, où les vins de la Champagne avaient atteint l'apogée de leur gloire, que Saint-Evremont, cherchant à con-

---

(1) On lisait sur un des pressoirs de l'abbaye cette inscription : « M. de Fourille, abbé de cette abbaye , m'a faict faire en l'année 1694, et cette même année a vendu son vin mille livres la queue , sans accident étranger. » *Lettre de M. . . . à M. . . . sur la thèse soutenue en* 1700, page 12.

soler son ami d'Olonne, exilé de la cour, lui écrivait de Londres :

« N'épargnez aucune dépense pour avoir
» du vin de Champagne, fussiez-vous à 200
» lieues de Paris. Ceux de Bourgogne ont
» perdu leur crédit avec les gens de goût,
» et à peine conservent-ils un reste de ré-
» putation chez les marchands. Il n'y a
» point de province qui fournisse d'excellents
» vins pour toutes les saisons que la Cham-
» pagne. Elle nous fournit le vin d'Ay, d'A-
» venet, d'Auvilé, jusqu'au printemps; Tessy,
» Sillery, Versenai pour le reste de l'année.
» Si vous me demandez lequel je préfère
» de tous ces vins, sans me laisser aller à
» des modes de goût qu'introduisent les faux
» délicats, je vous dirai que le bon vin d'Ay
» est le plus naturel de tous les vins, le plus
» sain, le plus épuré de toute senteur de ter-
» roir, d'un agrément le plus exquis, par le
» goût de pêche qui lui est particulier, et le

» premier, à mon avis, de tous les goûts (1). »

Si je suis entièrement de l'avis de Saint-Evremont en ce qui concerne les vins de Champagne, je trouve en même temps qu'il se montre bien injuste envers ceux de la Bourgogne, et je dois déclarer que je ne partage nullement son opinion à leur égard.

Au surplus, les renseignements que nous ont laissés bon nombre des contemporains de Saint-Evremont viennent confirmer son jugement.

Il est peu de vins qui aient été autant célébrés, autant chantés que le vin de Champagne. Les poètes du grand siècle, et je parle des meilleurs, n'ont pas fait défaut à ce concert général d'éloges.

Tout le monde sait les vers du bon Champenois :

(1) Saint-Evremont, lettre précitée au comte d'Olonne, disgracié en 1674. Saint-Evremont mourut à Londres, le 20 Septembre 1703, et fut enterré à Westminster.

Il n'est cité que je préfère à Reims ,
C'est l'ornement et l'honneur de la France ;
Car , sans compter l'ampoule et les bons vins ,
Charmants objets y sont en abondance, etc. . . (1).

Personne n'a oublié ceux que son ami Despréaux a mis dans la bouche du gros Evrard :

. . . . Non , non , songeons à vivre,
Va maigrir, si tu veux, et sécher sur un livre.
Pour moi, je lis la Bible autant que l'Alcoran ,
Je sais ce qu'un fermier nous doit rendre par an .
Sur quelle vigne, *à Reims*, nous avons hypothèque.
Vingt muids rangés chez moi font ma bibliothèque. . . (2).

Puisque nous tenons Boileau , ne le quittons pas sans lui emprunter une seconde citation dont la Champagne peut à bon droit s'enorgueillir.

Nous avons tous encore présente à la mémoire la satire où il raconte avec tant de verve

(1) Lafontaine, conte des *Rémois*.
(2) Boileau, *Lutrin*, chant iv.

les infortunes et les tribulations que lui fit subir un amphytrion perfide, et dans laquelle il nous dit :

Surtout certain hâbleur à la mine affamée,
Qui vint à ce festin, conduit par la fumée,
Et qui s'est dit profès *dans l'ordre des Coteaux*,
A fait, en bien mangeant, l'éloge des morceaux.

Quand notre professeur nous faisait réciter ces vers, bien peu d'entre nous, sans doute, ont compris le troisième :

Et qui s'est dit profès dans l'ordre des Coteaux.

Eh bien ! cette ligne, qui n'a que douze syllabes, n'en est pas moins riche en révélations qui nous intéressent, et nous allons, pour en trouver l'explication, recourir aux commentateurs de Boileau.

Voyons d'abord ce que nous apprend l'un d'eux, le P. Bouhours : « Je ne puis m'ôter de » l'esprit, écrit-il, qu'on n'entendra pas un jour

» l'auteur des satires dans la description de son
» festin : . . . . Surtout certain hâbleur. . . Je
» me suis même mis en tête que les commenta-
» teurs se tourmenteront fort pour expliquer
» ce *profès dans l'ordre des Coteaux*, et qu'on
» pourra bien le corriger en lisant : *Profès dans*
» *l'ordre de Cisteaux*, par la raison que l'ordre
» des Coteaux ne se trouvera pas dans l'his-
» toire ecclésiastique, et que les gens de ce
» temps-là ne sauront point que *cet ordre n'étoit*
» *qu'une société de fins débauchez, qui vouloient*
» *que le vin qu'ils buvoient fût d'un certain co-*
» *teau, et qu'on appeloit pour cela les Coteaux.* »

Maintenant que nous sçavons ce qu'était *l'or-*
dre des Coteaux, cherchons un peu quels étaient
les véritables *profès* de cette société gastrono-
mique. Des Maizeaux nous en dit quelque chose
dans sa vie de Saint-Evremont. Après avoir
parlé de quelques grands seigneurs qui tenaient
table ouverte et faisaient assaut de bonne chère,
il ajoute : « M. de Lavardin, évèque du Mans,
» et cordon bleu, s'étoit mis aussi sur les rangs.

» Un jour que M. de Saint-Evremont mangeoit
» chez lui, cet évêque se prit à le railler sur sa
» délicatesse et sur celle du comte d'Olonne et
» du marquis de Bois-Dauphin. Ces messieurs,
» dit ce prélat, outrent tout à force de vouloir
» raffiner sur tout. Ils ne sauroient manger que
» du veau de rivière, il faut que leurs perdrix
» viennent d'Auvergne, que leurs lapins soient
» de la Roche-Guyon ou de Versine, ils ne sont
» pas moins difficiles sur le fruit, et, pour le
» vin, ils n'en sauroient boire *que des trois co-*
» *teaux d'Ay, d'Hautvillers et d'Avenay.* M. de
» Saint-Evremont ne manqua pas de faire part
» à ses amis de cette conversation, et ils répé-
» tèrent si souvent ce qu'il avoit dit des coteaux
» et en plaisantèrent en tant d'occasions qu'on
» les appela : *les trois coteaux* (1). »

Ainsi donc, ce fameux ordre se composait de

(1) Voyez la grande édition des œuvres de Boileau, avec
commentaires (*Amsterdam*, 1720, *chez François Chan-*
guyon). Le nom des commentateurs n'est pas indiqué ; mais
ce sont Brossette et du Monteil.

Saint-Evremont, du comte d'Olonne et du marquis de Bois-Dauphin, c'est-à-dire des trois
plus fins gourmets du XVIIe siècle, et ces illus-
tres buveurs n'admettaient sur leur table que
les vins d'Ay, d'Hautvillers et d'Avenay.

C'est-là, certes, un bel hommage rendu à la
Champagne, un titre de noblesse, dont la tradition doit se conserver, et qui explique la
vogue dont nos vins jouissaient alors, et le haut
prix qu'on les payait.

La Faculté, d'accord avec les connaisseurs
les plus distingués du grand siècle, vint encore
confirmer par son suffrage la faveur dont ils
étaient l'objet. Elle déclara solennellement que
le Champagne était, non-seulement le meilleur, mais encore le plus salutaire de tous les
vins. Je parlerai un peu plus loin de ces thèses
qui firent un certain bruit dans le temps.

En vérité, quand on se reporte à ce concert
unanime d'éloges, à cette entente cordiale des
docteurs de la science et des maîtres en l'art
de bien vivre, on n'est plus étonné que l'abbé

d'Hautvillers, Louis de Chaumejan de Fourille, ait vendu son vin 1,000 liv. la queue,
en 1694.

C'est qu'aussi l'abbaye d'Hautvillers possédait à cette époque un de ces hommes remar-
quables qui perfectionnent tout ce qu'ils tou-
chent, et pour lesquels la science n'a pas de
but si éloigné, qu'ils ne finissent par atteindre.
Cet homme était Dom Pérignon, né à Sainte-
Menehould, vers l'an 1640, et mort le 14 Septembre 1715, à l'abbaye dont il avait été longtemps le procureur. Chargé, en cette qualité,
du soin des vignes du monastère, il fit de la
vinification un art véritable.

Des études sérieuses et un palais d'une délicatesse de sensitive l'avaient amené à distin-
guer les plus légères nuances dans la saveur des
raisins, et lui permirent d'assortir avec succès
les fruits de vignes différentes. De nombreux
essais le conduisirent à une méthode certaine
à l'aide de laquelle il sut donner aux vins de
la communauté ce bouquet et cette richesse de

goût qui leur valurent l'immense réputation dont ils jouirent longtemps. C'est pendant qu'il avait la direction des pressoirs de l'abbaye qu'il obtint ce prix presque fabuleux, dont nous parlions tout-à-l'heure, et qui, probablement, n'a jamais été atteint depuis.

Dom Pérignon fit faire d'immenses progrès à la culture de la vigne, donna un nouvel essor au commerce de la Champagne, et mérita bien de ses habitants.

Les hommes qui n'ont eu d'autre mérite que celui d'être simplement utiles à leurs semblables, et que des actions brillantes, des succès retentissants ne signalent pas à la postérité, sont bien vite oubliés. Rien à Hautvillers ne rappelle Dom Pérignon, et si, dans la *Biographie universelle*, une main pieuse ne lui eût consacré quelques lignes, tout souvenir de lui aurait disparu.

Je me trompe cependant, il en existe un autre encore. Le vin fait par l'illustre bénédictin était si exquis, et lui valut une telle renommée, que son nom devint bientôt européen et inséparable de celui de la communauté dont il était le régisseur. Les acheteurs qui se fournissaient à l'abbaye recommandaient surtout qu'on leur envoyât du vin de *Pérignon*, et la vogue qu'il obtint donna lieu à une erreur singulière de la part des commentateurs de Boileau, que nous avons cités précédemment. Ces honnêtes littérateurs, qui ne se piquaient pas, sans doute, d'une exactitude géographique irréprochable, en donnant, toujours à propos de la satire du festin, une liste des meilleurs crûs de la Champagne, signalent surtout aux amateurs ceux de Sillery, Hautvillers, Ay, *Pérignon*, Taissy, Verzenay et Saint-Thierry.

Ainsi Dom Pérignon, grâce à ces braves gens, eut l'honneur de passer pour un vignoble!

En 1743, la récolte fut abondante et parfaite, et, dit à ce sujet Dom Châtelain, « lorsque » Louis XV passa par Reims pour se rendre à » Metz, on en but considérablement et avec la » plus grande joie du monde, pendant trois

» jours que le roi resta dans notre ville. Il ne
» fut plus question d'en faire venir de Bourgo-
» gne, ni de Laon, ni même de Beauvais, quoi-
» que les MM. de Beauvais se glorifient d'avoir
» livré de leurs vins à Reims dans différentes
» circonstances, comme il est écrit dans leur
» cartulaire. C'était sans doute dans des années
» manquées en Champagne (1). »

Nous voyons, d'après ce qui précède, qu'une
lutte laborieuse, patiente, exista, pendant de
longues années, entre les vins des provinces de
Bourgogne et de Champagne. Celui-ci, humble
et modeste d'abord, après avoir cédé timide-
ment le pas à son redoutable rival, se perfec-
tionne avec le temps, prend son rang, et voit se
prolonger jusqu'à nos jours la vogue qu'il a su
conquérir il y a déjà plusieurs siècles. Mais

(1) Dom Châtelain, qui avait un certain penchant pour
le jeu de mots, et n'était pas toujours difficile sur le choix,
ajoute : « Car, de dire qu'un Rémois ait bu de préférence du
vin de Beauvais à celui de son pays, ce serait mentir au
saint esprit (de vin). [Textuel.]

la guerre sourde que se faisaient les deux con-
currents finit par éclater, et de nombreuses
lances se rompirent en l'honneur des nobles
champions. L'histoire de nos vins ne serait pas
complète si nous ne disions quelques mots de
ces combats, où se jouait la question de préséance entre les deux rivaux. Ils ne sont pas,
du reste, un des traits les moins caractéristiques
de cette époque, où nos pères dépensaient en
disputes sorbonniennes et littéraires ce besoin
de polémique, cette ardeur de discussion que
nous usons, nous, aux âpres et irritants débats
de la politique.

Vers le milieu du XVIIe siècle, en 1652, in-
quiète de la faveur dont jouissait le Champagne, la Bourgogne s'émut et fit soutenir par
un nommé Daniel Arbinet, dans les écoles de
Paris, et en faveur du vin de Beaune, une
thèse dont la conclusion fut : *Ergo vinum bel-
nense potuum est suavissimus ; ità et saluberri-
mus.*

La Champagne riposta hardiment, et fit, à

son tour, décider absolument le contraire, le 8
Avril 1677, par M. de Révélois, qui démontra
que de tous les vins, les nôtres sont incontestablement les plus salutaires (1). Puis, se dra-
pant fièrement dans ces triomphantes conclusions, la Champagne attendit.

Après un silence sournois d'une vingtaine
d'années, la Bourgogne, qui avait mis le temps
à profit pour reconstruire ses batteries déman-
telées, recommence les hostilités, et en 1696,
se présente au combat armée d'une thèse d'un
sieur Matthieu Fournier, qui déclare, entre
autres énormités, que les vins de Reims engen-
drent les fluxions d'humeurs et la goutte.

Le coup était d'autant plus rude qu'il était
inattendu ; mais les Champenois, au lieu de
courber la tête, soutinrent bravement le choc,
et leur courage grandit avec le péril ; la réponse

(1) *An vinum remense sit omnium saluberrimum?* Affirm. Autore de Revelois, anno 1677, 8 Avril. Bibliothèque
de Reims.

ne se fit pas longtemps attendre. Aux bottes sourdes qu'on lui portait, Reims riposta par un coup droit qui atteignit l'adversaire au cœur. Le 5 Mai 1700, M. Gilles Culotteau décidait affirmativement cette question, agitée dans nos écoles de médecine : « Le vin de Reims est-il » plus agréable et plus salutaire que le vin de » Bourgogne ? »

Entre autres arguments irréfutables qu'on jetait à la tête des adversaires, on invoquait, à l'appui de la thèse, la longévité d'un nommé Pierre Piéton, vigneron d'Hautvillers, qui, après s'être marié à 110 ans, avait atteint sans infirmité l'âge de 118 ans, et on portait à nos rivaux le défi de citer un fait semblable en leur faveur.

Oh ! pour le coup, Messieurs de Beaune se fâchèrent tout de bon. Ils trouvèrent fort mauvais que la Champagne, traîtreusement attaquée dans ce qu'elle avait de plus cher, se défendît si vigoureusement. Un M. Salins l'aîné (docteur de la faculté de Beaune, ma foi !) se dévoua courageusement et rédigea contre la thèse de M. Culotteau un terrible factum de vingt-trois pages, dans lequel il prodigua, si nous en croyons ses adversaires, plus de mauvaise humeur que de bonnes raisons. De courtoises qu'elles avaient été jusqu'alors, les armes devinrent acérées et tranchantes, et la discussion s'envenima Un médecin de Reims, M. Le Pescheur (1), répondit à M. Salins l'aîné, qui riposta à son tour par une troisième édition de sa fameuse lettre.

Si bons qu'on les dise, les Champenois sont entêtés parfois. M. Salins n'eut pas le dernier : sa troisième édition fit surgir un nouveau champion rémois, dont la valeur s'exhala dans une énergique et triomphante diatribe dirigée contre l'imprudent Beaunois (2).

(1) *Lettre de M... à M...*, auteur de la thèse qui conclut que le vin de Reims est plus agréable et plus sain que le vin de Bourgogne, datée de Paris. 1er Février 1706. — *A Reims, chez Pollier*.

(2) Réponse à la troisième édition de la lettre de M. Salins

Ainsi, attaque, défense, riposte, rien ne manqua à cette guerre, qu'un épisode assez bizarre vint encore égayer. Le Salins de Beaune avait à Dijon un frère auquel il envoya, pour le revoir, son victorieux mémoire contre le vin de Champagne. Le Dijonais, s'appliquant l'ancien *sic vos non vobis*, trouva piquant de s'approprier le travail de son aîné, et le fit publier sous son nom.

Grande fut la colère du docteur beaunois, qui, dans son indignation, révéla à tous la trahison de ce frère *impie et plus méchant qu'un ennemi déclaré*; *frater impius, pejor hostibus*, et revendiqua l'honneur de son écrit.

Cette *petite thébaïde*, selon leur expression même, était pour les Rémois une trop bonne fortune pour qu'ils la laissassent échapper. Aussi les plaisanteries ne tarirent pas sur les

aîné, Reims, 1er Avril 1706. *Reims, chez N. Pollier*, 1706. — Toutes ces pièces très-rares sont conservées à la bibliothèque de Reims.

frères ennemis, et on leur appliqua cette paro-
die de l'épigramme de Racine, contre Leclere
et son ami Coras (1) :

Faites cesser le débat des Salins
Sur le propos de leur lettre imprimée
Plus d'une fois contre le vin de Reims,
Dont ils voudraient ternir la renommée.
Certes, dit l'un, l'ouvrage est de mon crû :
Non pas, dit l'autre, il est mien et non vôtre ;
Mais aussitôt qu'on leur eut répondu,
Plus ne voulut l'avoir fait l'un ni l'autre.

Les bornes que nous avons assignées à notre
travail ne nous permettent pas de rapporter
tous les arguments qui ont été invoqués pour
ou contre le vin de Reims. Il en est un cependant qui nous a paru si curieux, que nous n'a-
vons pu résister au désir de le consigner ici.
Le traducteur de la thèse de M. Gilles Culotteau, en publiant son œuvre, la fit précéder

1, Entre Leclerc et son ami Coras,
   Tous deux auteurs rimant de compagnie.
   . . . .

d'un avertissement, où lui-même entre en lice
et combat pour l'honneur de nos vignobles.
Après avoir signalé quelques-unes de leurs
qualités, il ajoute : « Au reste, il faut compter
» pour quelque chose ce qu'un fameux maître
» de musique et savant dans les belles lettres,
» a écrit à un de ses amis sur ce sujet : il dit
» que le vin de *Reims* étant constamment celui
» de tous les vins *qui inspire la meilleure musi-*
» *que et qui la fait mieux exécuter*, on ne devait
» pas oublier une si bonne chose dans son
» éloge. Je le crois sur parole et sur les preu-
» ves physiques qu'il en a données. Du reste ,
» je m'en rapporte très-volontiers aux favora-
» bles expériences que les musiciens ont faites
» de cette liqueur pour leurs usages particu-
» liers ; cela vaut mieux que des raisonnements
» physiques (1). »

(1) *Lettre de M. *** à un médecin de ses amis.* — *Reims*,
27 *Octobre* 1700. En tête de la traduction de la *question*
agitée le 5 Mai 1700 *aux écoles de médecine de Reims.*

Certes, nous ne nous attendions guère à cet argument, et nous regrettons fort que l'auteur, inconnu du reste, de cette préface, ne nous ait pas laissé le nom de son *fameux maître de musique*.

La Champagne, qui avait conservé de la rancune contre la Bourgogne, ne laissa pas son adversaire en repos, et revint plus d'une fois à la charge dans les écoles de Reims ou de Paris. Nous citerons encore, pour mémoire seulement, quelques thèses qui ont été soutenues en faveur de nos vins.

D'abord un M. Jean-François, renvoyant à MM. les Bourguignons le reproche qu'ils avaient fait en 1652, à nos vins, fait soutenir en 1739, à Paris, que le vin de Bourgogne donnait la goutte.

Plus tard, Robert Linguet déclare de nouveau que le vin de Reims est aussi *salutaire* qu'agréable.

Ensuite nous voyons M. Xavier affirmer, en 1777, que le vin de Champagne guérit les fièvres putrides.

Puis enfin, M. Champagne-Dufresnay prouve en 1783, à Reims, que nos vins l'emportent sur tous les autres vins, soit indigènes, soit étrangers (1).

Après ces modestes conclusions, nous ne savons trop ce qu'on aurait pu ajouter encore, et nous croyons que cette thèse est la dernière où l'on ait agité la question de préséance du Champagne. Du reste, on le voit, la Faculté ne nous a pas fait défaut ; elle a soutenu dignement l'honneur de nos vignobles , et les médecins patriotes ne nous ont pas manqué.

Dans cette lutte nationale, les Muses ne pouvaient rester silencieuses : elles prirent part à la mêlée ; les deux camps comptèrent des poètes, qui , pareils aux anciens trouvères, excitaient par leurs chants le courage et l'ardeur des combattants.

Le premier, pour la Bourgogne (car la Bour-

____

(1) *An tùm exoticis, tùm indigenis vinis præcellat campanum ?* Affirm. Bibliothèque de Reims.

gogne jalouse, nous harcelait toujours), Benigne Grenan (1), emboucha la trompette guerrière. On connaît son ode au vin de Bourgogne, dont nous ne citerons que cette strophe :

Vante, Champagne ambitieuse,
L'odeur et l'éclat de ton vin,
Dont la sève pernicieuse
Dans ce brillant cache un venin.
Tu dois toute ta gloire en France,
A cette agréable apparence
Qui nous attire et nous séduit ;
Qu'à Beaune ta liqueur soumise
Dans les repas ne soit admise
Que sagement avec le fruit.

Le gant fut relevé par Charles Coffin (2), qui répondit par sa *Champagne vengée* (3). En voici

1) Benigne Grenan, né à Noyers, en Bourgogne, professeur au collège d'Harcourt. Son ode est de 1711. Elle a été écrite en latin. La traduction que nous en donnons est de M. de Bellechaume.

(2) Né en 1676, à Busancy, diocèse de Reims.

(3) *Campania vindicata, sive laus vini remensis à poetâ*

également une stance, qui prouve que l'apparition du Champagne produisait sur nos aïeux l'impression qu'elle produit encore de nos jours.

> Sitôt que sur de riches tables,
> De ce nectar, avec le fruit,
> On sert les coupes délectables,
> De joie il s'élève un doux bruit;
> On voit même sur le visage
> Du plus sévère et du plus sage
> Un air joyeux et plus serein ;
> Le ris, l'entretien se réveille,
> Il n'est plus de liqueur pareille
> A cet élixir souverain.

On sait que la ville de Reims, reconnaissante, envoya à l'auteur quatre douzaines de bouteilles de vin rouge et gris (1), qui inspirèrent à Coffin le quatrain suivant :

burgundo eleganter quidem sed immeritò culpati. Traduction de de Bellechaume.

(1) Le vin gris, ainsi nommé parce que sa couleur est très-légère, est, pour ainsi dire, inconnu maintenant. Il en existait de deux sortes : celui qui se faisait en mélangeant

Par un si beau présent on vide la querelle .
Mettez les armes bas , Bourguignons envieux ,
    Et confessez que l'ode la plus belle
        Est celle qu'on paye le mieux.

Le Bourguignon , cependant , ne se tint pas pour battu ; il revint à la charge , et dans une épître en vers adressée à Fagon , médecin de Louis XIV, s'élève contre les prétentions champenoises (1).

Aussitôt la Champagne de riposter par cette épigramme :

A ce que je me persuade
Sur la qualité des bons vins,
Grenan, ta cause est bien malade
Tu consultes les médecins.

des raisins noirs et blancs par parties à peu près égales; puis celui qu'on obtenait avec des raisins noirs seulement, mais qu'on laissait alors fermenter peu de temps dans les cuves, afin qu'il prit moins de couleur et conservât plus de finesse. Cette dernière sorte était incontestablement supérieure à la première.

(1) *Ad clarissimum virum Guidonem Crescentium Fagon, ut suam burgundo vino præstantiam adversus campanum vinum afferat.* Traduit par de Bellechaume.

Cette petite guerre devait finir par des plaisanteries , ainsi qu'il arrive souvent pour des débats plus sérieux. Un loustic , s'adressant à Grenan, lui décocha quelques rimes, où, après lui avoir dit qu'ils feraient bien mieux de se battre le verre en main qu'à coups de plume , il ajoute :

> Ainsi , puisqu'à nous humecter
> Ce jour semble nous inviter ,
> Ne différons pas davantage.
> Ou de Beaune ou de l'Hermitage
> Vous nous fournirez le plus fin ,
> Puis, nous en boirons de Coffin ,
> Si mieux n'aimez , par complaisance ,
> Fournir vous seul à la dépense :
> Mais avec nous point de Normands ;
> Sur ce fait, ils sont ignorants.
> Un franc Bourguignon se fait gloire
> D'être avec un Rémois à boire ;
> Ils sont tous deux bons connaisseurs ,
> Et ne sont pas moins bons buveurs (1).

(1) Ces différentes pièces , avec deux ou trois autres encore, ont été réunies en une petite brochure très-rare. *Paris,*

Ainsi se termina cette lutte mémorable, où les adversaires combattirent avec une égale valeur, et qui fit dire à un de nos historiens que « tous ces débats ne prouvaient qu'une chose, à savoir : que les vins de Champagne et de Bourgogne étaient excellents tous deux ; car s'ils n'eussent pas été aussi bons, on ne s'en serait pas autant occupé. »

Mon impartialité d'historien m'oblige de déclarer que j'admire la profonde justesse de cette remarque, et que j'adopte sans restriction ses conclusions.

chez la veuve de Claude Thibout et Pierre Esclassan, 1712. Les biographes font parfois de singulières erreurs. Ainsi on trouve dans ce recueil que nous venons de citer *un décret en vers, rendu par la faculté de Cos sur la requête adressée au médecin Fagon.* Cette pièce, entièrement *bourguignonne*, n'a pu être composée que par Grenan, ou un de ses amis ; or, la *Biographie universelle* l'attribue à Coffin, ce qui est complètement impossible.

CHAPITRE III.

*Des charges que supportaient les vins du pays de Reims,
et des priviléges dont ils jouissaient autrefois.*

———

Avant de terminer l'histoire des vins de la province de Champagne en général, et de commencer celle des vins mousseux, qui exigent une notice particulière et spéciale, j'ai pensé qu'il ne serait pas hors de propos de rappeler ici certaines charges qui pesaient sur nos vins, et les priviléges dont ils jouirent sous l'ancienne monarchie ; puis je consacrerai quelques pages à l'antique et utile institution des courtiers.

Dès leur apparition, nos vins eurent à supporter des droits considérables, et l'admirable habitude de leur faire payer une bonne part des impôts s'est religieusement conservée jusqu'à nos jours.

En 1294, Philippe le Bel fait entourer Reims de fortifications, et, pour les payer, grève les vins d'un droit élevé (1).

En 1418 (le 17 Novembre), Charles VI abandonne au conseil de la ville le droit de 2 sous parisis (2) par queue de vin, vendue en gros, et celui de 2 sous pour livre sur la vente en détail, et ce, pour l'aider à réparer les fortifications et remparts (3).

En 1430 (7 Septembre), et toujours pour

(1) Dom Chatelain.

(2) On sait que la monnaie *parisis* valait un quart en sus de la monnaie *tournois*. 4 deniers parisis faisaient 5 deniers tournois; ainsi, 2 sous parisis faisaient 2 sous 1/2 ou 30 deniers tournois.

(3) Ces renseignements et ceux qui suivent sont tirés du cartulaire de la ville.

recevoir la même application, le droit est élevé à 2 sous 6 deniers sur chaque poinçon de vin qui entrera à Reims , sans exemption pour les nobles.

Le 3 Octobre 1437, Charles VII, qui faisait le siége de Montereau , concède à la ville de Reims, par lettres patentes datées de son camp, permission de lever sur chaque queue de vin 2 sous parisis, outre les 2 sous qu'on percevait déjà depuis 1429, et de plus de 4 sous sur chaque queue de vin de Beaune , et autres pays étrangers (1), le tout pour aider la ville à rembourser l'emprunt contracté par elle pour les provisions de guerre : canonniers, pionniers , etc., etc., envoyés audit siége.

En 1543 , Reims avait été imposée d'une somme de 14,600 liv. pour solde de quatre mois de 50,000 fantassins demandés par le roi François Ier. Nouveau droit sur

____

(1) On sait que la queue de vin faisait deux pièces, environ 4 hectolitres.

les vins pour faire face à cette dépense (1).

En 1575 (19 Février), Henri III fait percevoir un droit de transit de 2 sous 6 deniers sur chaque queue de vin qui traverse Reims. Ce droit est aboli le 24 Mars 1614, par Henri IV.

Le 12 Août 1603 , ce prince avait autorisé la ville à lever, outre les 2 sous 6 deniers payés précédemment , un nouveau droit de 7 sous 6 deniers (soit en tout 10 sous) , pour l'aider à payer une somme de 1,400 liv., montant de sa contribution pour la gendarmerie.

Outre ces droits , les archevêques , en leur qualité de seigneurs de la vicomté de Reims , prélevaient sur chaque pièce vendue en gros 2 deniers parisis , à prendre sur le vendeur , et quand le vin était mené hors de la ville, *le char devait 4 deniers parisis* (2).

(1) Lettres patentes de Henri II , de Saint-Germain-en-Laye, 18 Décembre 1548.

(2) *Ordonnances des droits de la vicomté de Reims, emologuées par la cour du parlement de Paris , en 1523. —* Reims, chez S. de Foigny , 1634.

Aujourd'hui l'octroi de Paris perçoit le droit énorme de 40 fr. par pièce de deux hectolitres (1).

Les foires qui se tenaient à Reims donnèrent lieu à quelques priviléges auxquels participèrent aussi les vins.

Ainsi, pendant la foire de Saint-Remi, la plus ancienne de toutes, celle de Pâques, instituée en 1170, par Henri de France, notre 50e archevêque, celles des Rois et de la Magde-

(1) Voici une liste des droits que les vins mousseux ont à supporter actuellement dans les divers états de l'Europe :

	par bouteille.
à Paris,	28 cent.
à Berlin et dans tout le Zollverein, environ	1 fr.
à Vienne, environ	1 fr. 30 cent.
à Saint-Pétersbourg, environ	3 fr. 60 cent.
à Londres (12 pences et 2 d. par douzaine), environ	1 fr. 25 cent.
à Varsovie, environ	1 fr. 25 cent.
à Madrid, environ	37 c. 1/2
à Hambourg, environ	02 cent.

leine, accordées au mois d'Avril 1521 à la ville, par François Ier, pour l'indemniser des dépen ses faites à son sacre, toutes les marchandises étaient exemptes du sol pour livre.

Par lettres patentes du mois d'Août 1547, Henri II confirme cette exemption des 12 deniers pour livre, et de plus, accorde un délai de quinze jours, durant lesquels on peut enle ver hors de la ville, francs et exempts du même droit, tous les vins vendus pendant lesdites foires (1).

1 BIDET. Supplément à ses mémoires manuscrits sur Reims.

CHAPITRE IV.

Des Courtiers.

Nos pères, qui savaient si bien apprécier leurs excellents vins et qui comprenaient toute l'importance de cette branche d'industrie si riche et si féconde, ne voulurent pas que son exploitation appartînt au premier venu et fût livrée à des mains improbes ou inhabiles. Ils réglementèrent la vente des produits de leurs vignobles, régularisèrent les opérations, firent en sorte que les droits du vendeur et de l'acheteur reçussent une garantie officielle, et l'institution des courtiers prit naissance.

Elle dépendait de la justice de l'échevinage,
dite juridiction du Buffet (1), dont la police
s'exerçait encore sur les brasseurs, les auneurs
d'étoffes, les mesureurs de charbon, sur la visite et la vente du poisson de mer, etc., etc.

Le corps des courtiers compte parmi les plus
anciens de la cité ; nous trouvons, au commencement du XIVᵉ siècle, un document qui semble
indiquer que sa création remonte à une date
beaucoup plus reculée encore. En 1323 (2), le
parlement homologuait une transaction passée
entre les échevins et l'archevêque Robert de

(1) La justice de l'échevinage se divisait en deux juridictions : celle du Buffet, dont nous parlons, et celle dite de la
Pierre-au-Change, qui avait dans ses attributions la police
de la ville en général, etc... Elle se tenait en l'auditoire du
baillage, dit de la Pierre-au-Change, situé rue de Tambour, en la première maison faisant le coin à droite vers
les marchés. (BIDET, tome IV.)

(2 20 Décembre 1323 (sous Charles IV).

Courtenay, dont le prévôt Thomas Louvet contestait aux premiers le droit de nommer les
courtiers de vins.

Depuis cette époque, et malgré les prétentions qu'on essaya parfois de faire valoir contre
eux, les échevins furent constamment maintenus dans ce droit, ainsi que le témoignent plusieurs lettres patentes et arrêts conservés au
cartulaire de la ville (1). Ils fixaient le nombre
des courtiers, s'assuraient de leur capacité, en
exigeaient caution et recevaient leur serment.
En même temps aussi ils sauvegardaient les intérêts de ceux-ci, qui n'eurent jamais de plus
zélés défenseurs de leurs priviléges. Quand des
intermédiaires illégitimes et non reconnus cherchaient à se glisser dans les transactions, les
échevins intervenaient immédiatement, poursuivaient la fraude et provoquaient contre elle
la sévérité des lois (2).

(1) Ordonnances du 18 Novembre 1357, 8 Février 1379,
de 1621, etc., etc. . .

(2) Ordonnance du 20 Mars 1561

A une certaine époque cependant, la discipline se relâcha, des abus s'introduisirent, et l'échevinage dut songer à réduire le nombre des courtiers, qu'on avait laissé imprudemment s'accroître outre mesure. Deux ordonnances des 3 Juin et 4 Septembre 1654 fixent définitivement ce nombre à dix-huit, qui furent immédiatement choisis parmi ceux qui exerçaient alors. Les mêmes ordonnances remettent en vigueur les anciens règlements, enjoignent aux courtiers de se renfermer dans le cercle de leurs attributions et de leurs devoirs, et leur défendent surtout, sous peine de 500 livres d'amende et de déchéance, de s'associer, soit avec des commissionnaires non reconnus et agissant sans provisions, soit avec les marchands de vins; ou de se livrer eux-mêmes et pour leur propre compte à des opérations commerciales.

En même temps, leurs honoraires sont tarifés ; il leur est accordé 5 sols tournois par queue de vin vendue sur l'Etape (1), et 20 sols *pour chacune queue qu'ils feroient vendre aux habitants de la ville, et non autres,* avec prohibition expresse *de recevoir davantage, quoique à eux volontairement offert, sur peine de concussion* (2).

En définissant ainsi les devoirs et les droits des courtiers, les échevins n'oublièrent pas de veiller à la conservation de leurs priviléges ; tout intermédiaire illégal était puni par une amende de 30 livres et par la prison.

On avait compris de quelle importance il était de ne confier ces charges qu'à des personnes d'une capacité et d'une moralité reconnues.

Reims, dont les fortifications exigeaient de fréquentes et coûteuses réparations qui épuisaient ses finances, obtint de Charles VI l'autorisation d'affermer le courtage des vins et

_____

(1) On sait que la queue faisait deux pièces.

(2) BIDET. — Cartulaire de Reims.

d'employer le prix de la ferme à l'entretien des remparts. Les lettres patentes du roi furent données de son camp devant Bourges, le 14 Juillet 1412.

Les courtiers recevaient alors 2 sous parisis, et *non plus*, par pièce.

Sentinelles vigilantes placées sur le seuil de nos libertés, les échevins repoussaient tout empiètement sur les droits de la cité. Au commencement du XVIIe siècle, quatre courtiers voulurent exercer à Reims, en vertu de lettres patentes émanées du roi. Les échevins protestèrent énergiquement et revendiquèrent le privilége dont ils avaient toujours joui de nommer seuls lesdits courtiers. Le conseil d'état fit droit à leur requête, et les quatre titulaires durent renoncer à leurs charges, malgré l'investiture qui leur avait été royalement octroyée. Seulement la ville fut tenue de leur rembourser leurs offices à raison de 600 livres.

En 1692, les échevins demandèrent à racheter les charges de courtiers et firent à cet effet une offre de 136,364 livres, plus les 2 sous pour livre, qui fut acceptée. Dès lors ils entrèrent en possession des droits et priviléges attribués aux dites charges, qui, probablement, à partir de cette époque, furent exercées sous l'inspection de l'échevinage, au profit de la commune. La ville fut autorisée en même temps à contracter un emprunt à constitution de rentes pour réaliser la somme qu'elle avait offerte (1).

Le 28 Ventôse an ix de la république française, une bourse de commerce fut créée à Reims, et on lui affecta pour local la grande salle de l'archevêché. L'emplacement trouvé, il fallut songer au personnel et un certain nombre de courtiers fut appelé à desservir ce nouveau temple de l'industrie. Mais, soit que, pendant ces temps de guerres et de troubles, les transactions ne présentassent pas une importance suffisante, soit aussi, peut-être, parce

(1) Arrêt du conseil d'état, 1692.

que la position des intermédiaires non reconnus par la loi, et qui exploitaient alors la place, leur parut inexpugnable, pendant longtemps les courtiers] semblèrent considérer leur charge comme une sinécure et leur titre comme un vain nom.

Ce ne fut guère que vers l'année 1825 qu'ils se réveillèrent de ce long sommeil et prirent leurs fonctions au sérieux. Ils en comprirent, au reste, rapidement toute l'importance, et cette utile institution, dignement représentée par les titulaires actuels, rend de véritables services au commerce.

Reims compte en ce moment trois courtiers de vins seulement, qui peuvent exercer dans le pays vignoble tout entier, et dont les droits se perçoivent de la manière suivante :

2 fr. par pièce de 120 francs ou au-dessous ;
3 fr. par pièce au-dessus de 120 francs ;
5 centimes par bouteille jusque 500 bouteilles ;

4 centimes par bouteille jusque 1,000 bouteilles ;

2 centimes par bouteillle au-dessus de
1,000 (1).

(1) *Tarif général des droits de courtage, pour la place
de Reims,* délibéré par le tribunal de commerce, en sa
séance du 7 Octobre 1826. — (*Reims, chez Guélon-Moreau,
imprimeur de la Bourse,* 1826).

CHAPITRE V.

Des vins mousseux. — Des contrefaçons. — Réflexions générales.

—

Ce que j'ai dit des vins de la province de Champagne, en général, suffit pour démontrer qu'ils sont d'ancienne et noble souche. Après avoir lutté avec avantage contre de redoutables rivaux, ils ont attendu la justice et la consécration du temps, et ont su conquérir un rang élevé dont ils n'ont pas déchu depuis.

Les vins mousseux proprement dits sont les derniers rejetons de cette antique famille.

Mais, pareils à ces cadets de bonne maison qui font un chemin brillant et rapide, ils ont audacieusement usurpé la place de leurs aînés, dont l'illustre race s'éteint tous les jours.

Les délicieux vins rouges, les excellents vins blancs non mousseux d'Ay, d'Avenay, d'Hautvillers, que savaient si bien apprécier nos aïeux, ont à peu près entièrement disparu. Ceux non moins parfaits de la montagne de Reims, Bouzy, Sillery, Verzenay, Mailly, Verzy deviennent plus rares de jour en jour. Les vins mousseux ont tout envahi; le bruit et le fracas des nouveaux venus ont remplacé le calme et la dignité des anciens. C'est qu'ils sont si brillants, si élégants, si parfumés et si jolis, ces audacieux parvenus, qu'il faut bien leur pardonner leur usurpation! Elle est si innocente, celle-là! Ils ont su se faire tant d'amis, tant de partisans, ils vivent en si bon accord avec toutes les puissances de ce monde, qu'en vérité, je ne me sens ni la force de les combattre, ni le courage de les mettre en jugement!

Quelle est l'origine de ces pacifiques conquérants ? A quelle époque l'Ay a-t-il pour la première fois pétillé sur la table de nos pères? Voilà, je l'avoue avec la profonde humilité convenable, en pareille circonstance, à tout historien, ce que les recherches les plus minutieuses, les plus consciencieuses n'ont pu m'apprendre.

N'est-ce pas ici le cas de déplorer amèrement un malheur qui nous a privés peut-être de nombreux documents, dont la perte est irréparable aujourd'hui? Je veux parler de la destruction de l'abbaye d'Hautvillers, incendiée et pillée en 1562, pendant les guerres de religion, sous Charles Delbène, son cinquante-neuvième abbé (1).

Une partie des archives a été sauvée, il est vrai, et transportée, soit à Reims, soit à Châlons, soit à Epernay ; mais le feu a dû se faire aussi une large part et dévora sans doute de

(1) *Gallia christiana.*

précieux renseignements. Ce riche monastère,
dont la fondation remonte à l'année 660, possédait les principaux vignobles qui s'étendaient
entre Ay et Hautvillers, et son cartulaire devait
renfermer une quantité considérable de titres,
de notes, qui peut-être serviraient aujourd'hui
d'autorité à l'histoire du vin de Champagne ;
précieux jalons que la fureur des guerres de
religion a sans doute anéantis, et dont la perte
nous rejette dans l'incertitude des conjectures
et des suppositions.

Puisque nous nous trouvons réduits à ces
dernières, je me permettrai d'en hasarder une
qui ne me paraît pas trop entachée d'hérésie,
à savoir : que les vins mousseux peuvent très-
bien devoir leur origine à l'abbaye d'Hautvillers. Parmi les bons pères qui peuplèrent le
couvent et qui nous ont laissé de si utiles, de
si patients travaux, ont dû se rencontrer aussi
de savants sommeliers. L'imagination de l'un
de ces hommes de génie, fécondée par le fumet
des riches celliers du couvent, aura cherché

quelque sublime création, et l'idée première du vin mousseux aura jailli de son cerveau fertilisé. Nous savons déjà les progrès que l'un d'eux, dom Pérignon, fit faire à la culture de la vigne et à l'art de la vinification. Il était digne de comprendre cette admirable invention.

Peut-être aussi est-elle due au hasard ; au hasard, qui a fait tant de précieuses découvertes, dont l'orgueil des hommes s'est approprié la gloire et le mérite.

Il est incontestable, et nos pères ont dû, depuis longtemps, en faire la remarque, que nos vins blancs ont, par excellence, une prédisposition naturelle à la mousse. Il y a plus : il est très-difficile de vaincre entièrement cette disposition et de les obtenir parfaitement tranquilles, et c'est précisément cette difficulté qui, jointe d'ailleurs à l'excellence de la qualité, fait le haut prix des vins de Sillery *non mousseux*.

Quoi qu'il en soit, il est probable que les premiers vins de ce genre qui sont sortis des caves de la Champagne, n'avaient qu'une mousse faible, et, pour employer un terme du métier, ils ont dû seulement *crêmer*.

L'imperfection des verreries à bouteilles, aux siècles antérieurs, ne permet pas de supposer que nos pères eussent osé laisser prendre à leurs vins le degré de mousse qu'on exige généralement aujourd'hui. Le Champagne aurait trop facilement brisé sa prison fragile, et la casse aurait cruellement détruit les espérances du spéculateur imprudent.

Les premiers essais réussirent. En offrant un nouvel et piquant attrait aux dégustateurs intelligents, ils ont réveillé les palais endormis et émoussés par les vins capiteux de la Bourgogne et du Midi, et leur succès a été complet. Ils ont été le prélude de la révolution œnologique, qui depuis a fait le tour du monde.

Il est certain que c'est d'Ay ou d'Epernay que partirent les premiers flacons de ce nectar écumant, qui vint apporter une gaîté nouvelle aux joyeux festins de nos aïeux. Quand les poètes veulent chanter le Champagne, c'est presque toujours le *pétillant Ay* qu'ils célèbrent dans leurs vers.

Ay ! nom glorieux qui assure à la petite ville qui le porte une impérissable immortalité ! Le temps a soufflé sur de vastes et opulentes cités qui ont disparu de la surface du globe, sans laisser trace de leur passage, tandis que tu vivras toujours dans la mémoire des gourmets reconnaissants !

Nous avons vu que François Ier, Charles-Quint, Henri VIII, Léon X possédaient des vignes à Ay ; nous connaissons la prédilection d'Henri IV pour ce vin, qu'il proclamait le meilleur de tous ; on dit aussi que Louis XIV, qui se connaissait en bonnes choses, le préférait à beaucoup d'autres ; mais rien ne semble prouver que le vin d'Ay que buvaient ces princes fût mousseux. Je suis même très-disposé à croire qu'il était parfaitement non mousseux et tranquille, et cela par la simple raison que voici : c'est que s'il eût été autrement, l'histoire en aurait sans doute fait mention. Du vin mousseux devait paraître à cette époque chose assez curieuse pour qu'on en gardât le souvenir. On sait, au surplus, que dans les bonnes années, les vins d'Ay non mousseux ont un bouquet et un parfum dont l'exquise délicatesse justifie suffisamment la haute préférence dont ils étaient l'objet.

Les documents les plus anciens que j'aie pu trouver et dans lesquels il soit question d'une manière positive du Champagne mousseux, sont les odes de Grenan et de Goffin, imprimées en 1711 et 1712, et que j'ai déjà citées.

Bien certainement les vins mousseux remontent au-delà de cette époque, mais je crois qu'il est à peu près impossible de fixer celle de leur origine. Je sais bien que dans certains vignobles de la Marne on prétend qu'ils ont existé de temps immémorial, mais cette opinion ne repose sur aucune preuve ; on ne trouve dans les archives des communes rien qui la justifie, rien qui vienne dissiper les ténèbres dont cette découverte s'environne. Il est très-présumable , comme je le disais tout à l'heure , que le hasard doit en avoir tous les honneurs.

J'ai sous les yeux une lettre autographe de l'abbé Bignon (1), adressée au président Bertin du Rocheret, qui faisait à Epernay un commerce de vin assez étendu, et qui a laissé sur cette ville un recueil de notes manuscrites. Cette lettre (datée de Paris, 20 Décembre 1736) contient des renseignements curieux sur les soins qu'on apportait alors aux envois ; nous n'avons depuis rien inventé de mieux.

« Je n'ai goûté qu'hier , dit l'abbé Bignon ,
» le vin cacheté d'*un chiffre en cire rouge* ; il m'a
» paru fort délicat, mais ayant encore de la li-
» queur, dont avec le temps il pourrait se dé-
» faire ; mais après quoi je craindrais aussi qu'il
» ne lui restât pas beaucoup de force. Un autre,
» aussi cacheté de cire rouge, *mais avec les ar-*
» *mes*, m'a paru avoir plus de qualité et de fond
» de vin, quoiqu'il soit aussi très-délicat et très-

(1) De l'Académie française.

» léger ; l'un et l'autre *sablant parfaitement,*
» *mais ne pouvant s'appeler mousseux* (1).

» Pour ce qui est de celui qui est cacheté de
» noir, les gens qui font cas de la mousse lui
» donneraient les plus magnifiques éloges. Il
» serait mal aisé d'en trouver qui portât plus
» loin cette belle perfection. La valeur de trois
» cuillerées au fond du verre est surmontée de
» la plus forte mousse jusqu'au bord ; en ré-
» compense je lui ai trouvé un furieux vert et
» sans beaucoup de fond de vin. »

Si, comme cette lettre en fait foi, le vin de
M. Bertin du Rocheret moussait très fort, la
manière dont on travaillait les vins mousseux
à cette époque nous fait comprendre que l'abbé
Bignon l'ait trouvé *furieusement vert.*

La vogue dont le Champagne jouissait au XVIe
siècle n'avait pas déchu au XVIIIe, et les soupers

(1) Cette espèce de vin, qui ne mousse qu'à demi, et dont
l'abbé Bignon écrit qu'il *sable parfaitement,* est connue
maintenant sous le nom de *vin crémant.* Cette qualité, quand
elle a bien réussi, est très-estimée.

de la régence durent mettre à leur tour le vin mousseux à la mode. En effet, ce vin brillant et léger, qui pétille dans le verre et dans la tête, qui fait étinceler l'esprit et réveille le cœur, devait être l'accompagnement obligé de ces fêtes tant soit peu décolletées, où la cour et la ville se dédommageaient amplement de vingt années de tristesse et d'ennui.

« Quand mon fils se grise, écrivait le 13 Août » 1716 la princesse Charlotte-Elisabeth de Ba-» vière, ce n'est point en buvant des boissons » fortes, des liqueurs spiritueuses, mais en » pur vin de Champagne (1). »

Aussitôt son apparition, le Champagne mousseux trouva des poètes qui célébrèrent ses louanges et chantèrent ses vertus. Il n'est pas de vin qui ait fait commettre plus de vers, jaillir plus de couplets du cerveau des bu-

(1) Fragments de lettres originales de madame Charlotte-Elisabeth de Bavière (mère du régent). — *Hambourg et Paris, chez Maradan*, 1788.

veurs ; aussi serais-je fort embarrassé, si je voulais me jeter dans les citations , de faire un choix parmi ces nombreuses élucubrations plus épicuriennes souvent que poétiques.

Je demanderai la permission néanmoins d'en faire une seule, qui rentre doublement dans notre sujet : d'abord parce que la pièce dont elle est extraite est une des plus anciennes de celles où il est question des vins mousseux , et ensuite parce que l'auteur et le traducteur étaient, l'un et l'autre, attachés à l'université de Reims. — Voici la traduction de deux strophes d'une ode latine, que Charles Lebatteux, professeur de rhétorique au collége de Reims, composa en 1739 , traduction due elle-même à Desaulx, chanoine de la cathédrale et chancelier de l'université rémoise :

. , ...
Ce n'est point sur les monts de Rhodope et de Thrace
Que j'irai t'invoquer ; ces monts couverts de glace
    Sont-ils propres à tes faveurs?
Non ! Reims te voit régner bien plus sur ses collines.

Là je t'offre mes vœux ; de nos côtes voisines ,
    Embrases-moi de tes ardeurs.

Soit que d'un lait mousseux l'écume pétillante ,
Soit qu'un rouge vermeil , par sa couleur brillante
    T'annonce à mes regards surpris ,
Viens, anime mes vers ; ma muse impatiente
Veut devoir en ce jour les accords qu'elle enfante
    A la force de tes esprits (1).

A l'appel poétique de Coffin, plus d'un champion vint se ranger sous sa bannière et combattre à ses côtés. En 1712 parut une imitation en quatorze strophes de son ode *de la Champagne vengée ;* cette imitation, assez médiocre du reste, était l'œuvre de L. Degrigny et A.-R. Richard, tous deux enfants de la cité et élèves de rhétorique au collége des Bons Enfants de Reims (2).

Malgré le succès qu'obtinrent les vins mousseux, on ne se livra d'abord à leur fabrication

---

(1) *In civitatem remensem* (ode sur la ville de Reims), par Ch. Lebatteux, professeur de rhétorique au collége de Reims. (Bibliothèque de Reims.)

(2) *Reims, chez B. Mulleau, rue des Elus,* 1712.

qu'avec beaucoup de prudence et de circonspection. Quoique la mousse fût en général plus faible que celle qu'on exige aujourd'hui, cependant, comme son plus ou moins d'intensité dépendait du hasard, et qu'on ne connaissait alors aucun moyen de régulariser sa marche, elle acquérait parfois une violence qui venait déjouer tous les calculs des spéculateurs. La *casse* ravageait alors les caves, et nos pères, voyant leurs espérances de fortune s'envoler avec les éclats de leurs flacons mutilés, ne recommençaient qu'avec timidité, et pour ainsi dire en tremblant, de nouvelles opérations.

De là, sans doute, le peu d'extension que prit d'abord le commerce du Champagne mousseux, qui, jusqu'à la fin du siècle dernier, céda le pas aux vins rouges et blancs en cercles.

En 1780, un négociant d'Epernay tira cinq à six mille bouteilles, et l'importance de ce tirage fut remarquée.

En 1787, une des premières maisons de la même ville et de toute la Champagne osa risquer une opération de cinquante mille bouteilles ; cela parut prodigieux et l'on ne comprenait pas qu'il fût possible de trouver des débouchés pour une quantité aussi considérable. Aujourd'hui, la même maison compte ses bouteilles par millions.

On était loin de prévoir alors que le Champagne deviendrait, quelques années plus tard, le plus populaire, le plus connu de tous les vins de luxe.

D'après ce que nous venons de dire, nous sommes fondés à croire que le vin réellement et franchement mousseux ne remonte guère au delà du xviiie siècle, et que vers le milieu de ce même siècle il n'était encore qu'une exception, connue seulement de quelques amateurs riches et privilégiés.

Nous parlions tout à l'heure de la casse, dont les ravages durent souvent effrayer nos aïeux. On cite, à Epernay, l'année 1776, comme ayant été des plus désastreuses sous ce rapport. Malgré les efforts tentés depuis quelque temps pour régulariser les opérations, sommes-nous plus heureux aujourd'hui ? Nous n'osons, en vérité, nous prononcer pour l'affirmative.

On a bien fait des essais sur les causes et la marche de la fermentation ; des hommes studieux, au nombre desquels nous devons citer M. François, de Châlons-sur-Marne, ont cherché à déterminer les proportions dans lesquelles les principes constitutifs du vin devaient être combinés pour obtenir une belle mousse, sans excès de casse ; les verreries à bouteilles ont fait des progrès incontestables ; nous sommes, en un mot, plus avancés sans doute qu'il y a un siècle, et cependant pouvons-nous compter d'une manière certaine, positive, sur la réussite de nos tirages ? La marche mystérieuse de la nature ne vient-elle pas souvent encore déjouer les formules de la science, renverser les calculs de l'expérience et de la théorie ?

Parmi les années qui donnèrent un démenti cruel à toutes ces combinaisons, nous nous contenterons de rappeler ici la plus récente :

celle de 1842. Longtemps les spéculateurs gar-
deront le souvenir de la *casse*, qui, cette année,
a décimé leurs caves.

Espérons qu'enfin la science sera plus heureuse un jour, et qu'elle finira par découvrir
des régulateurs, par indiquer des données plus
précises, qui permettront de laisser au hasard
une moins large part dans les tirages de vins
mousseux.

Déjà des esprits inventifs se sont émus à la
vue des sinistres que nous venons de signaler,
des appareils ingénieux ont été imaginés pour
prévenir ces désastres ; mais ils attendent encore de l'expérience la consécration qui leur
manque encore, et que le temps, qui tôt ou
tard signale les choses utiles, peut seul leur
donner (1).

(1) Un homme éminemment laborieux, M. de Maizières,
ancien professeur de mathématiques spéciales, a inventé un
appareil auquel il a donné le nom de *Paracasse*. Une première expérience, faite il y a deux ou trois ans, a laissé peut-
être quelque chose à désirer. M. de Maizières, qui veut

Longtemps on a cru qu'avec les vins des coteaux d'Ay et des deux rives de la Marne seulement on pouvait faire des vins mousseux. Ce préjugé était tellement enraciné, cette erreur avait si bien passé à l'état de vérité, qu'en 1806, M. J.-B.-A. Mennesson écrivait à propos de l'Ay mousseux, chanté par Voltaire, dont il cite quelques vers :

« Tout le monde connaît ces vins précieux
» pleins d'agréments et de délicatesse, appelés
» *vins de rivière*, célébrés si souvent par les
» muses, et que Voltaire a chantés. Il n'y a
» *seules* que les côtes d'Ay, Cumières, Haut-
» villers, Epernay, Avize et Pierry qui les
» produisent(1).» Dom Géruzez dit à peu près la même chose dans son *Histoire de Reims*, imprimée dix ans plus tard.

tenter un nouvel essai plus complet, fait aujourd'hui au commerce un appel, que dans tous les cas, ce me semble, il serait bon de ne pas négliger.

(1) *L'Observateur rural de la Marne*, par J.-B.-A. Mennesson. — *Epernay, chez Warin-Thierry*, 1806, page 7.

C'est qu'en effet, à cette époque encore, à l'exception des excellents vins blancs non mousseux auxquels les vignobles renommés des marquis de Sillery (1) donnèrent, il y a longtemps déjà, une réputation européenne qui s'est toujours soutenue depuis, les grands crûs de la montagne de Reims, Bouzy, Verzenay, Mailly, Verzy, Rilly, ne produisaient à peu près que des vins rouges. Il n'y a guère que trente à quarante ans qu'on imagina de faire avec les produits de ces vignobles des vins mousseux qui réussirent parfaitement.

En effet, si les vins d'Ay se distinguent peut-

(1) Les vins *de Sillery*, *non mousseux*, connus également sous le nom de *Sillery secs*, durent leur renommée, non-seulement à la bonne qualité du sol, mais encore aux soins minutieux qui présidaient à leur confection. La maréchale d'Estrée, par exemple, surveillait ses pressoirs avec la plus scrupuleuse attention. Chaque grappe était examinée au soleil, et tous les grains qui n'avaient pas atteint leur complète maturité, ou qui laissaient quelque chose à désirer, étaient éliminés impitoyablement. Aussi ses vins étaient-ils parfaits.

être par un bouquet plus fin, un parfum plus délicat, ceux de Verzenay, Verzy, Sillery, Bouzy, ont bien plus de corps et de richesse et viennent heureusement en aide aux coteaux de la Marne, dont la légèreté a souvent besoin de soutien (1). Nous n'ajouterons qu'un mot à ce parallèle : les vins de la montagne de Reims que nous venons de citer s'achètent et se vendent à des prix beaucoup plus élevés que ceux de la rivière.

Dès lors, l'ancienne division vinicole de la Champagne n'exista plus. La chaîne de collines qui sépare le pays rémois des contrées arrosées par la Marne ne fut plus une barrière (pour

______

(1) Tous ceux qui ont lu l'*Histoire de Reims* de Dom Géruzez, et qui connaissent tant soit peu nos vignobles, ont dû remarquer avec un profond étonnement l'opinion qu'il émet à ce sujet. Selon lui, les vins de la montagne auraient moins de corps que ceux de la rivière, tandis que c'est, au su de tous les connaisseurs, le contraire qui a lieu. Il fallait que la matière que traitait Géruzez lui fût bien peu familière, pour qu'il professât une semblable hérésie.

ainsi dire infranchissable autrefois) derrière laquelle les différents vignobles s'abritaient dans leur spécialité réciproque. Jadis et au temps même encore où Géruzez écrivait son *Histoire de Reims* (en 1817), les grands crûs de la montagne, Sillery, Verzy, Verzenay, Bouzy, Ambonnay, Rilly, etc., un peu plus loin au nord-ouest de la ville, le clos de Saint-Thierry, étaient, à de bien rares exceptions près, exclusivement affectés aux vins rouges (1). Ceux de la rivière, au contraire, Ay, Hautvillers, Mareuil, Epernay, Cramant, Avize, Pierry, etc., ne produisaient à peu près que des vins blancs (2).

(1) Nous ne parlons ici, bien entendu, que des vins faits avec les raisins noirs. — On ne connaissait alors, en fait de vins blancs, dans ces vignobles, que ceux provenant de raisins blancs, et tout le monde sait que ceux-là sont légers, maigres, et de médiocre valeur.

(2) Les vignes d'Ay, de Mareuil, d'Hautvillers et de Pierry ne produisent, à peu d'exception près, que des raisins noirs ; celles de Cramant, Avize, Oger, Le Mesnil, au contraire,

Cette grande division a pour ainsi dire entièrement disparu; on fait des vins blancs partout.
Une heureuse fusion s'est opérée parmi les divers vignobles que je viens de citer, et, pour la
plus grande jouissance des amateurs et des
gourmets, ils se prêtent mutuellement leur
concours aujourd'hui.

Dès ce moment aussi, le commerce de la
Champagne subit une transformation complète.
Les excellents vins rouges des grands crûs, si
prisés de nos aïeux, n'obtenaient plus toujours,
malgré leur juste réputation, la faveur qu'ils
méritaient. Le nord de la France, la Belgique,
la Hollande, qui jadis s'approvisionnaient dans
nos vignobles, s'habituèrent peu à peu aux vins
de Bordeaux, plus faciles peut-être à conserver dans les caves peu profondes de ces contrées

sont à peu près entièrement plantées *en blancs*, et ne pos-
sèdent guère maintenant qu'un sixième de raisins *noirs*.
Aussi les vins de ces derniers vignobles sont-ils fins, agréa-
bles, mais aussi beaucoup plus légers que ceux des autres
crûs.

humides. Alors sa consommation, restreinte dans un cercle étroit, ne suffit plus à la production : les acheteurs manquaient souvent, les prix ne récompensaient que faiblement le labeur du vigneron, et la valeur des vignes était menacée d'une dépréciation sensible. Du jour, au contraire, où les produits des coteaux rémois furent employés en vins mousseux, l'aisance rentra dans les villages de la montagne, les récoltes s'enlevèrent à des conditions avantageuses pour le producteur, et dans certaines localités le prix des vignes a plus que triplé.

C'est qu'aussi depuis trente ans le commerce du vin de Champagne mousseux a pris un essor considérable ; il a rendu le monde entier tributaire de notre province, et l'on citerait à peine un coin du globe où ce joyeux voyageur n'ait pénétré.

La faveur même avec laquelle il a été accueilli partout a donné naissance à une erreur qui, dans quelques pays étrangers surtout, obtient encore un certain crédit.

Nous avons entendu dire souvent qu'il était impossible que les vignes de la Champagne satisfissent aux besoins de la consommation, et qu'en conséquence une bonne partie du Champagne exporté devait être le produit d'une fabrication artificielle.

C'est là un préjugé grave et qu'il importe de détruire ; le plus simple rapprochement de chiffres suffira pour en faire justice.

Dans les grandes années comme 1834 et 1842, la Champagne produit de 13 à 14 millions (1) de bouteilles de vin blanc, que la casse et la manutention réduisent à 11 ou 12,000,000. On peut évaluer la production moyenne à

(1) Dans les deux années que je viens de citer, les produits de toutes les verreries du nord et de la Lorraine, qui alimentent la Champagne, ont été absorbés entièrement, et il est resté encore dans les celliers une quantité notable de vins en cercles. Or, la fabrication des différentes verreries peut s'évaluer de 8 à 9,000,000 de bouteilles de premier choix, puis vient le deuxième choix, dont quelques spéculateurs font usage.

7,000,000 de bouteilles environ. Or, veut-on savoir maintenant quel chiffre atteignent les expéditions? La Champagne, du 1er Avril 1843 au 1er Avril 1844, a exporté 5,806,987 bouteilles, et 7,377,070 du 1er Avril 1842 au 1er Avril 1843.

Or, comme dans ce dernier chiffre sont comprises les quantités que les négociants s'expédient entre eux et qui ne sortent pas du département de la Marne, il en résulte que les exportations de 1842 à 1843 ont atteint à peu près 6,000,000 de bouteilles seulement (1).

C'est aussi à ce nombre environ qu'il est permis d'estimer la consommation annuelle.

(1) Ces chiffres sont officiels et extraits des registres de l'administration des contributions indirectes.

Dans le mouvement de 7,377,070 bouteilles, de 1842 à 1843, l'arrondissement de Reims figure pour 3,619,867

Celui d'Epernay, pour 1,725,376

Celui de Châlons, pour 2,031,827

____

7,377,070

Ay fait partie de l'arrondissement de Reims.

9*

On voit donc que la Champagne peut largement suffire à ses besoins, dont on a singulièrement exagéré le chiffre, et que les amateurs peuvent se rassurer ; quelque nombreux qu'ils soient, ils n'absorbent pas encore toutes les richesses de ses coteaux.

Le vin de Champagne a subi le sort de toutes les grandes découvertes que le succès couronne. Une foule d'imitateurs s'est précipitée à sa suite, et la lèpre de la contrefaçon s'est attachée à sa vogue. Ils ont cru, les sacriléges, qu'il suffisait qu'un vin moussât pour devenir *vin de Champagne !* Ils n'ont tenu aucun compte de ce terrain crayeux, léger, subtil, pour ainsi dire, comme le vin qu'il produit, et ils ont demandé du Champagne aux coteaux brûlés du midi, au sol glacé du nord !

La Bourgogne, si riche en délicieux vins rouges, auxquels nous nous plaisons à rendre hommage, est descendue elle-même dans l'arène, et, l'une des premières, a entamé cette lutte inégale qui fut un triomphe de plus pour la Champagne.

Ensuite sont venus les vins d'Arbois, de Saumur, de Vouvray, de Saint-Peray mousseux ; puis, à son tour, la Suisse prétendit avoir découvert dans ses montagnes de neige un filon de la mine champenoise.

Les rives de la Moselle et les bords du Rhin ne se sont plus contentés de produire d'excellents vins blancs, justement renommés ; ils ont voulu se passer aussi la fantaisie du vin mousseux, et le grave et capiteux Rudesheimer, délaissant le *Römer* national, a essayé de pétiller dans le verre élégant de la Champagne.

Le Wurtemberg, la Saxe, la Silésie elle-même n'ont pas voulu rester en arrière, et nous avons vu paraître les vins mousseux d'Esslingen, de Dresde et de Grüneberg ! Jusque-là, rien de mieux ; chacun était dans son droit. — Le véritable Champagne s'est tenu debout et ferme au milieu de toutes ces imitations plus ou moins infructueuses, et qui n'ont servi qu'à constater sa supériorité. Aussi n'aurions-nous nul motif sérieux de nous en émouvoir et de nous en

préoccuper , si elles s'étaient toujours renfer-
mées dans les limites d'une concurrence hono-
rable. Malheureusement il n'en est pas ainsi
partout. Dans plusieurs contrées, certains con-
trefacteurs se livrent audacieusement et presque
publiquement à de honteuses manœuvres, dont
on ne saurait trop énergiquement flétrir la dé-
loyauté. Comprenant que leurs produits ne peuvent, pour la plupart, obtenir par eux-mêmes
qu'un médiocre crédit près des acheteurs, ils
ont recours à la fraude laplus scandaleuse. Non
contents de les décorer traîtreusement du nom
de *Champagne*, ils s'emparent des marques les
plus en vogue et, à l'aide de ce faux et du plus
criant abus de confiance, vendent à de crédules
consommateurs un triste breuvage auquel les
étiquettes champenoises servent de passe-port
et de manteau. Trompant ainsi la bonne foi
des uns, volant aux autres une réputation
loyalement conquise par de longs et coûteux
efforts , ils flétrissent, et c'est là le plus dé-
sastreux résultat de cette déplorable concur-

rence, ils flétrissent, dis-je, la renommée des marques les plus estimées, en les rendant ainsi et, tout à la fois, complices et victimes de leur fraude.

Les maisons champenoises ont institué récemment une commission à laquelle elles ont confié la défense de leur bon droit et le soin de veiller aux intérêts communs. Puissent ses efforts être couronnés de succès, et les états qui tolèrent une si scandaleuse violation du droit des gens, entendre enfin la voix de la justice !

J'ai dit, en commençant ce travail, que je n'entendais nullement faire un cours d'enseignement vinicole ou commercial, et je tiendrai parole. J'ai voulu écrire l'histoire de nos vins et non celle de leur manutention. Cette dernière pourrait presque fournir, à elle seule, la matière de deux volumes, dont l'un serait destiné à réfuter les erreurs qui ont été accréditées sur ce sujet (1).

(1) Au moment où j'écris ces lignes, un journal de Reims

Mais ce que je puis dire, le voici : c'est qu'on se fait généralement une idée très-inexacte du

(*l'Industriel*) public la traduction d'un article du *Fraser's Magazine*, signé O. N. Comme je n'ai pas l'original sous les yeux , je ne puis vérifier l'exactitude de la traduction ; mais si nous devons nous en rapporter à cette dernière , l'auteur de l'article n'a pas reçu toujours des renseignements bien précis sur le sujet qu'il traite. Après avoir consacré quelques lignes à une notice historique très-abrégée, mais assez exacte cependant , de nos vins, il entretient ses lecteurs de la manière de les faire, et tombe alors dans de nombreuses erreurs. Je n'en citerai qu'une seule : « Si les dommages qui résultent » de l'éclatement des bouteilles vont au-delà de 16 0/0, dit » M. O. N., on transporte le vin dans un caveau plus frais, » ou bien *on le débouche pour un temps donné ; puis on re-* » *ferme les bouteilles lorsqu'on estime que la surabondance* » *du gaz n'existe plus.* »

Si M. O. N. avait tant soit peu fréquenté la Champagne, il n'aurait certes pas écrit ces lignes. En suivant la marche du vin, il se serait convaincu que si on débouchait, *pour un temps donné*, du Champagne mousseux au moment de sa plus violente fermentation, et quand la *casse* a déjà atteint 16 0/0, ce n'est pas seulement du gaz qui s'échapperait, mais bien aussi le vin lui-même; la bouteille serait bientôt à peu près entièrement vide, on n'aurait plus besoin de la *refermer*.

commerce des vins de Champagne, qui certainement est un des moins connus (1).

Il en est peu qui présentent plus de difficul-
tés, qui soient entourés de plus d'écueils et de

M. O. N. semble douter que les meilleurs vins de Champagne, même les *non mousseux*, puissent se garder au-delà
de 15 à 20 ans. Je m'empresse de le rassurer à cet égard. Je
ne parlerai pas des excellents Sillery et Ay non mousseux de
1825, admirables encore par leur vigueur et leur parfum,
mais je dirai que dernièrement j'ai été à même de déguster
de l'Ay sec de 1794 ! qui était parfait. Or, ce vin avait 50
ans !

(1) Combien de personnes, par exemple, croient encore
qu'on ne peut faire des vins blancs qu'avec des raisins blancs
et sont tentées de regarder comme de mauvais plaisants ceux
qui leur donnent l'assurance que les meilleurs, précisément,
sont le produit de raisins noirs. Il en est un grand nombre
que vous aurez infiniment de peine à détromper. Je pourrais
citer, à ce propos, la déconvenue d'un célèbre chimiste qui,
dans une discussion sur ce sujet , fut battu par une dame
champenoise, ma parente. Après de longs débats , cette
dame, pressant un grain de raisin noir, fit remarquer que le
jus qui en sortait était d'un blanc à peine nuancé d'une
légère teinte rose, et le savant, désappointé, dut se rendre
à l'évidence.

périls, qui exigent des connaissances plus variées. Le fabricant d'étoffes qui emploie toujours les mêmes laines, qui se sert constamment des mêmes moyens d'action, peut, en procédant par analogie, opérer chaque année d'une manière à peu près mathématique; il connaît d'avance la qualité du tissu qui sortira de ses ateliers. Il en est tout autrement des vins mousseux : l'expérience des années précédentes n'est pas une garantie suffisante pour les années à venir, car la manutention n'a pas de règles invariables.

Les plus habiles voient fréquemment leurs combinaisons, leurs calculs déjoués par le hasard; souvent la cuvée sur laquelle reposaient leurs espérances, en apparence les mieux fondées, est cruellement décimée par la *casse* ou ne *mousse* pas du tout.

La science, nous l'espérons bien, n'a pas dit son dernier mot ; mais enfin, jusqu'ici, elle n'a pu nous initier aux mystères de la fermentation et nous donner de formules positives; aussi, je le répète , le hasard a encore une trop large part dans les opérations de la Champagne.

Et puis ensuite il ne suffit pas toujours de faire du bon vin ; il faut encore, et surtout, qu'il réponde à l'idée que s'en font les consommateurs, et bien peu de ces derniers savent combien de soins et de sollicitude exige ce vin délicat, depuis le jour où le raisin se cueille, jusqu'à celui où , brillant comme le cristal, il écume et pétille sur leur table.

Aussi, je le répète, le commerce des vins de Champagne est-il l'un des plus minutieux, l'un des plus difficiles qui existent.

Je ne terminerai pas la tâche que je me suis imposée sans signaler un fait qui a bien quelque gravité et qui me paraît de nature à éveiller les préoccupations des esprits sérieux.

Je veux parler du déplacement plus ou moins prochain de l'industrie des vins mousseux en Champagne. La regrettable, mais malheureusement trop réelle indifférence des Français pour l'étude des langues vivantes , a nécessité autrefois, de la part des négociants, l'appel en Champagne de quelques jeunes Allemands , auxquels fut confié le soin de la correspondance étrangère. Plusieurs de ces jeunes gens, qui se trouvèrent ainsi initiés aux secrets d'une manutention importante, surent mettre à profit avec une intelligence que nous sommes les premiers à reconnaître, la position exceptionnelle qui leur était faite, et formèrent des établissements à leur tour.

Malgré cette leçon et malgré l'augmentation de nos rapports avec l'extérieur , l'étude des langues n'est guères plus en faveur aujourd'hui. Aussi le nombre des maisons étrangères a-t-il pris un accroissement remarquable. Sous l'habile direction des hommes recommandables qui sont à leur tête, elles ont pris rang parmi les plus considérables de la Champagne. Mais quelqu'honorables que soient ces maisons sous tous les rapports, nous ne pouvons nous empêcher d'exprimer un regret : celui de voir une industrie du sol, une industrie si franchement nationale , nous échapper presque tout entière par notre faute.

Or, je le répète, ce déplacement dont l'accomplissement est plus ou moins prochain , a pour cause première notre fâcheuse insouciance pour l'étude des langues vivantes ; car, dans l'impossibilité à peu près complète de rencontrer des employés français en état de tenir la correspondance anglaise et allemande, les chefs de maisons sont bien forcés toujours d'appeler les étrangers à leur aide.

Ne serait-ce pas ici le cas d'émettre le vœu que ces deux langues fussent enseignées *sérieusement*, non-seulement dans les colléges royaux et communaux , mais aussi dans les écoles primaires supérieures ; on donnerait ainsi , d'ailleurs , aux enfants une chance de plus de se placer avantageusement plus tard.

Puissent mes paroles n'être pas perdues pour tous ! puissent mes jeunes compatriotes comprendre enfin la nécessité rigoureuse de donner à leurs études une direction plus en harmonie avec les besoins de l'époque !

Si ma voix est entendue de quelques-uns, je m'estimerai heureux et je croirai n'avoir pas été entièrement inutile à mon pays.

Reims. — L. JACQUET, Imprimeur de l'Académie.